異香

嗅覺的異想世界

What the Nose Knows
The Science of Scent in Everyday Life

艾佛瑞·吉伯特（Avery Gilbert）著
張雨青 譯

33 大眾科學館
Popular Science

大眾科學館

出版緣起

王榮文

歡迎來到《大眾科學館》。二〇〇二年三月，遠流引進了全球科普雜誌的第一品牌、有一百五十多年歷史的*Scientific American*，創辦了《科學人》雜誌，在這個景氣不太好的年頭，短短幾個月之間訂戶人數已達兩萬多。

這個現象所傳達出來的訊息，是廣大群眾對於科學知識的需求，已經攀上新的高峰；大家都認識到，在二十一世紀的今天，科學不再只是科學家在實驗室裡埋頭苦幹的事情而已，科學研究所產生的結果，會影響到我們每一個人：從日常生活到社會議題到人生哲學，到處都充斥著科學的影子，科學早已成為「眾人之事」；要是追不上科學發展的步伐，您可能會和社會脫節！

而事實上，作為一家出版社，遠流也早已體認到提昇全民科學素養的重要性，陸續出版了曾志朗院士的《用心動腦話科學》、《台灣館》的「觀察家」、「台灣自然寶庫」、「魔法校車」等系列；更邀請到認知科學學者洪蘭教授，來策劃《生命科學館》的出版，負責選書、甚至也親自參與翻譯的工作，就生命科學這個可能是二十一世紀最重要的課題，提供讀者相關的知識，從二〇〇〇年二月起，陸續出版了《基因複製》、《為什麼斑馬不會得胃潰瘍？》、《深海潛魚4億年》及《腦內乾坤》等十多種圖書。

現在，《科學人》現象讓我們深切覺得，華文讀者對於科普出版品還有許多期待，範圍可擴大到其他的科學領域。這也是為什麼我們要開闢《大眾科學館》此一系列書籍的緣由。

我們覺得，科學叢書的出版與科學雜誌正好可以相輔相成。一般說來，雜誌必須同時關照各個科學領域的不同面向，就全球各地的科學發展，為讀者提供介紹及解讀的服務；科普圖書則可以就某個單一的主題，不用太擔心篇幅或版面的限制，盡情討論。而透過《科學人》雜誌，我們可以和全球各地的華文科學家有更積極的互動；透過科普圖書，他們則可以從華人科學家的獨特觀點出發，細說從頭。

因此，就像我在《科學人》創刊時提出的，希望「借用他山之石所搭建的知識平台，能讓科學與科學之間、科學與人文之間，找到對話的窗口。」當然，更希望爭取國內一流科學家的科普心血結晶。

如果說，《科學人》可以讓人人都能成為科學人，那麼人人也都可以光臨《大眾科學館》和《生命科學館》，悠閒地逛逛。在這裡，您可以從微小的基因結構逛到宇宙深處、或數學的奇妙世界，也可以看看科學家如何發現到各種突破既往的概念，對我們個人或社會帶來什麼樣的影響。

希望大家閱讀這些出版品時，都可以吸收到各種重要的科學知識，同時度過一段美好的知性時光！

專文推薦

嗅聞，是一場無比豐饒的盛宴

葉怡蘭

從事飲食寫作與研究工作多年，始終知道，嗅覺，在整體品味過程中，重要度絕對超乎味覺之上。味覺所能辨識之味少少不過「酸、甜、苦、鹹、鮮」數種；然嗅覺所能體察的香氣，卻是無以數計。所以，我們從一道美食所領略到各種各樣的「味道」，以及隨之油然而生的震懾、傾倒、感動，事實上，有很大一部分由來自「香」的迷魅、而非僅只是「味」的喜悅。

而事實上，在專業飲食領域裡，論斷高下優劣之客觀標準，絕大多數，也多以嗅覺所得的評價為最主要依歸。遂而，在整個「品嚐」的過程中，不管是一杯酒、一盞茶、一匙蜂蜜、一枚新鮮水果、一片巧克力……，只要品質夠上乘，我總覺得，不待真正入口，在嗅聞的階段，往往便已然是一場無比豐饒豐富的盛宴。也因此，展讀《異香》此書，對我而言，著實多有共鳴。

《異香》從理性和科學的角度出發，深入呈現、剖析嗅覺的奇妙世界。然難得的是，書中雖條列大量的科學實證、研究結果、調查報告，從各種角度針對關於嗅覺的知識、影響與迷思一一進行說解、論述，但整本讀來，卻一點也不覺艱澀靡蕪。

我認為，全書最引人入勝之處，在於作者艾佛瑞・吉伯特充分掌握了嗅覺之為人類感官所特有的感性特質，在各篇章裡，不斷極力追索著與其他美好事物與領域的聯繫——文學、音樂、電影、藝術、歷史、文化、城市……，還有，令我讀來最是趣味盎然的飲食。讓人由衷感受到，吉伯特於專長的氣味科學之外所具備的，寬廣的興趣與博聞與熱情。

最有趣是，書中列舉了大量著名文學作品中的文字，許多甚至舉以和科學研究與作者之歸納分析互為對照，使知與感、心與覺在此中不斷交錯、對映、印證，十分耐人尋味。

（本文作者為飲食旅遊作家、《Yilan美食生活玩家》網站站主）

異香
嗅覺的異想世界

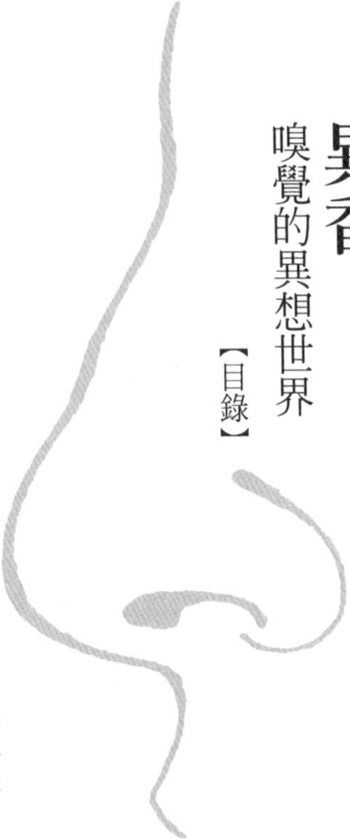

【目錄】

獻給蘇西

你若有心創立一門新的學科，就去測量氣味吧。

——貝爾（Alexander Graham Bell，發明電話的科學家），一九一四年

「他們把我們注射進去了！我們正穿越人體，啟程踏上驚異之旅了！」

「想想看！再過不到一分鐘，我們就要和嗅覺產生命運的交會了！」

「博士，你這麼說，未免太做作了吧？」

「好吧！那就請你想個辦法，把我們正在鼻子內往上走這件事形容得比較浪漫一點唄！」

——摘自〈雜牌縮小軍〉（Fantastecch Voyage），《瘋狂雜誌》（*Mad Magazine*），一九六七年

緒論

歡迎光臨嗅覺的異想世界！

我是個嗅覺專家，這個身分還挺不錯的，但也讓我吃過不少苦頭。在我的職業生涯中，我曾多次坐在小房間裡，面對著紐約中央公園的美景，參與香水計畫的秘密會議；也曾坐在會議桌前，對著用過的女性衛生用品解凍樣本猛嗅。

我到過倫敦、蘇黎世、巴黎與坎城，下榻五星級飯店，出入頂級餐廳。我也去過美國密蘇里州的小城開普吉拉多（Cape Girardeau），就為了鑑定陳年貓大便的氣味。

我曾經對時尚名媛獻過飛吻，也聞過老太太們上美容院洗完頭之後的頭皮。伊麗莎白泰勒的「白鑽」（*White Diamonds*）香水問世之初，比我先鑑賞過其芬芳的人可沒幾個。不過，我也是率先聞過純正的三─甲基─二─己烯酸的人之一，這種芳香族物質的氣味，就是幾天沒洗澡時腋下所散發的異味。

在香水業界，這些經驗稱不上稀奇，畢竟這一行的人都是靠嗅覺吃飯的，從香水乃至貓砂，他們為每一件東西創造出氣味。不尋常之處在於，我是個感覺心理學家，學的是演化論、動物行為與神經科學。我這個人既理性又講求證據，做的卻是除了好萊塢電影之外，最為天馬行空、崇尚流行、行銷至上的事。

主流媒體所描寫的嗅覺（像是「七招用香水讓另一半為你瘋狂！」這類文章），和科學家眼中的嗅覺（例如「前梨狀皮質之氣味誘發神經活動的多變量分析」之類的論文）差了十萬八千里。報章雜誌用活潑風趣的方式，侃侃而談實驗室剛出爐的新發現；正式的科學論文則一板一眼、枯燥乏味，卻隱藏了不少很酷的新故事。

我很清楚人們對氣味感知形成的方式和原因感到著迷，只要發現我是這方面的專家，人們就抓著我滔滔不絕、問個沒完，而答案經常怪誕得超乎他們的想像。嶄新的嗅覺科學讓我們重新思索每一件事，從品酒到嗅覺電影皆然。那麼，就讓我們用前所未有的方式，來瞧瞧嗅覺感知及其在流行文化所扮演的角色吧。

先從一個簡單的問題開始：世界上共有幾種氣味？這個問題的答案涉及心理學（你要怎麼數氣味？）、技術（你該如何解析複雜的氣味？），還有商業機密（你如何成為調香師？）。

在接下來的章節裡，我會繼續提出其他簡單的問題：是什麼因素讓我們對氣味產生好感？惡臭會使人生病嗎？潛意識的氣味能讓我們違背自己的意願行事嗎？我們會隨著這些問題進入各種不可思議的奇妙領域。歡迎光臨我的世界，深吸一口氣，好好享受其中的樂趣吧。

第一章

你認得的氣味有幾種？

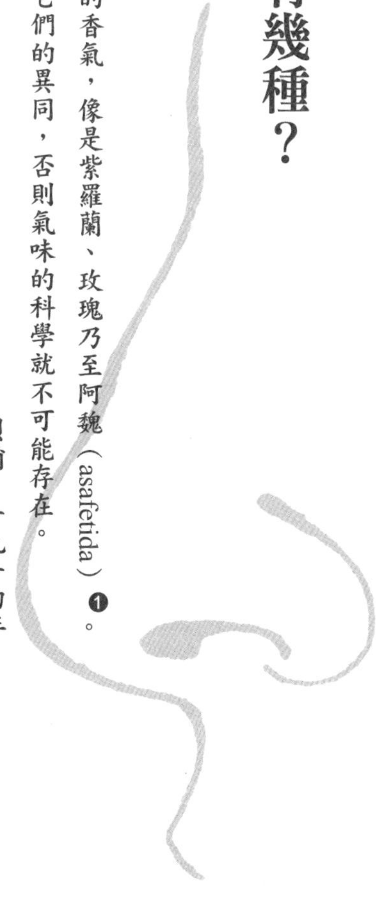

世上顯然有許多種不同的香氣，像是紫羅蘭、玫瑰乃至阿魏（asafetida）❶。但除非你有辦法測量出它們的異同，否則氣味的科學就不可能存在。

——貝爾，一九一四年

沒有人能建立適當的氣味分類。

——摘自《大英百科全書》，一九一一年

世界上總共有幾種氣味？這個問題頗怪，但很發人深省。把你腦袋裡關於氣味的記憶從頭到尾翻過一遍，你會找到烤焦的吐司、刮鬍膏、阿嬤的廚房還有松樹；念高中時用的那本袖珍字

❶一種藥用植物，根部會流出黃色、惡臭的黏稠樹脂，乾燥後可入藥，用於治療腸道、呼吸道及神經系統疾病。

典，裝訂處也有一層氣味怪異的膠。你可以不費吹灰之力講出一大堆氣味，卻很難把它們一一編號。我們終其一生聞過的氣味遠不及世界上所有氣味的總數，那我們要如何計算呢？

某些人認為這根本不是問題，他們只估個大概，要不就乾脆轉述其他人的估計值。新聞記者老愛說，我們能夠嗅出三萬種不同的氣味。新時代運動大師墨菲（Michael Murphy）在《人體大未來》（*The Future of the Body*, 1992）一書就引用了這個數字：「根據一家（香料）製造商的計算，專業人士能夠分辨超過三萬種氣味的細微差異。」墨菲則是從德國科普作家卓瑟（Vitus Dröscher）於一九六九年的一段話中得知這個數目：「有家香水製造商已經算出，真正的專業人士必須分辨出至少三萬種氣味的些微差異。」卓瑟並未說明數字的出處，他的依據或許是《科學文摘》（*Science Digest*, 1966）：「工業化學家已經鑑定出大約三萬種不同的氣味。」只可惜這本雜誌也沒註明出處。我想，這可以證明早在網際網路問世之前，各種媒體已經充斥著似是而非的事實了。

一萬種氣味從何而來？

有人會認為，嗅覺科學家比較了解這個課題，他們的估計值確實也與眾不同。巴克（Linda Buck, 1947-）與艾克塞（Richard Axel, 1946-）發現了嗅覺受體，同獲二〇〇四年諾貝爾獎，諾貝爾基金會當時發了一篇新聞稿，提到人們認得並記住「大約一萬種不同的氣味」，這個數字是該基金會的瑞典公關人員親口向兩位獲獎人問來的，我們當然可以信任這個數目。不過，最先講出「一萬」這個數字的人並不是巴克與艾克塞，在他們之前，別的科學家早已傳述多年了。關於這點，有些事情一直令我納悶不已：這個數字怎會如此漂亮，居然完全沒有尾數？為什麼沒人知道它是何時發現的？還有最詭異的是，為何沒有人站出來為它背書？

你若嘗試從科學文獻追查「一萬」這個神秘數字的起源，那你便一頭栽進一場冒險，就像走迷宮，到處都是死胡同。舉例來說，我從《行為生態學》（*Behavioral Ecology*）期刊一篇二〇〇一年的論文著手，追到另一篇刊載於一九九九年《遺傳學趨勢》（*Trends in Genetics*）期刊的論文，而這篇論文又沒有註明數字的出處。

我捲土重來，這次是從美國布朗大學知名心理學家恩根（Trygg Engen）下手，他在一九八二年寫過一段話：「有人聲稱，未受過訓練的人靠著標籤，可以辨認出至少二千種氣味，專業人士則可辨認一萬種之多。」恩根稱此一說法出自加拿大最著名的嗅覺科學家萊特（R. H. Wright）之口。看來，源頭很可能就是萊特囉，至少希望濃厚，直到我讀了他寫於一九六四年的一段文字，希望又破滅了：「一般人似乎可能毫無困難地區分數千種氣味，而該領域經驗豐富的專家則宣稱，他們有能力辨認超過一萬種。甚至有人明白表示氣味的種類顯然數不盡。」萊特繼續說：「若能設計一個實驗來驗證這些估計值，一定會很有意思。」噢！原來萊特根本沒有發現任何數字嘛，他也只是人云亦云，而恩根教授又把他的話複述了一遍而已。這些名聲顯赫的嗅覺專家們，倒讓我想起小朋友參加夏令營時玩的鬼故事接力。

我翻閱一本一九九九年版的食品化學教科書，又發現了「一萬」這個神奇數字，那時我開始覺得永遠也找不出它的起源了。我從那本書查到一篇一九六六年的論文，接著查到一篇由利托顧問公司（Arthur D. Little, Inc.）的研究人員發表於一九五四年的論文，在那之前幾年的一場科學研討會裡，利托公司發表了一篇題為〈嗅覺的資訊理論〉的論文，目標是要把嗅覺感知加以量化。他們表示：「專家證實，分辨出至少一萬種氣味並非不可能的任務。」而在後續的數學分析裡，他們也用了這個數字。至於他們所稱專家的大名，則出現在論文的注腳：這號人物是克勞可（Ernest C. Crocker），他是化學工程師，一九一四年畢業於美國麻省理工學院。巧的是，克勞可也曾是利托公司的一份子。

話說一九二七年，克勞可和另一位利托公司的化學家韓德森（Lloyd F. Henderson）合作，傾力發展一種客觀的氣味分類法。他們建立一種方法，把每種氣味與四種基本嗅覺的個別相似程度加以分級（從零分到八分）。根據這種分級系統，理論上可以區分出九的四次方（即六千五百六十一）種不同的氣味；這就數學而言是無懈可擊，但運算結果完全取決於最初的假設。倘若克勞可和韓德森最初用的是五種基本嗅覺與零到十分的分級，估計值便成為十一的五次方（即十六萬一千零五十一）種不同的氣味了。

美國哈佛大學心理學家波林（Edwin Boring）很愛用這套新系統，不過他相信分級的級數應該沒那麼多。他做了些計算，推斷可區分的氣味數目大約介於二千零一十六至四千四百一十種之間。多年後，克勞可談到這項工作時，便不客氣地把估計值進位成一萬種氣味，他的同事們也採納並認同這個數值。

最後，似乎不再有人嘗試算出世上有幾種氣味了。對於氣味種類的估算不是進了死胡同，就是走上克勞可的路線。「一萬種氣味」這個常有人隨手引用的數字，從科學的眼光來看，根本毫無價值。

氣味如何分類？

「世上有多少種氣味」這個問題為何如此重要呢？我們都想造出一具裝置，能夠再生出每一種可能的氣味。（這是多數人的夢想，你小時候可能也曾抱著《米奇妙妙香味機》這類童書又聞又聞，刮一刮就可以聞到香氣呢！）而有兩位工程師曾經研究過，如果要以虛擬實境創造出足可亂真的嗅覺效果，需要用到多少種不同的氣味，結果定出了「四十萬」這個數字（這個數目並不比一萬或三萬更有事實根據；它的最初來源是一本名不見經傳的日文技術性刊物）。四十萬可是個難以置信的大數目，但聽在那些研發虛擬實境眼鏡的工程師耳裡卻不覺誇張，因為在虛擬實境眼鏡的視覺顯示幕上，每個像素可都用了一千六百七十萬色呢！問題是，工程師的解決方案並不一定與人腦解決問題的方式相符。

人的眼睛能夠察覺出各種顏色的微小差異，我們可從整個可見光譜區分出幾百萬種顏色。然而說到為顏色分類、命名，大家幾乎一致認同，只要六個類別即可涵蓋人類所有的色感，有了白、黑、紅、綠、黃與藍就能走遍天下了（至於亞麻色與淡紫色，這類特殊色調主要見於服裝目錄）。可見光的物理光譜是連續的，而彩虹的七種顏色則是我們的腦袋瓜自己創造出來的，是我們把色彩的名稱歸入這幾個類別中。

將感官輸入的訊號進行簡化是大腦的通性，心理學家稱這種現象為類別知覺（categorical perception）。以聽覺為例，類別知覺幫我們把連續的音域切割成音階裡的個別音符，或將母音不明顯的發音分割成a或e。或許我們不應執著於世上有多少種氣味。我們該問的是：天然氣味的類別有幾種？我們的鼻子與大腦又是如何簡化這個氣味世界？

轉轉看，就知道！

我在美國加州戴維斯市（Davis）的農業氣息中長大。我們家於一九六二年初遷居至此，當時住家附近有許多廣袤的番茄園，穿梭其間，番茄藤刺鼻的怪味撲鼻而來。離家約一公里半有間食品廠，專門把番茄加工成番茄醬，當那兒飄來陣陣燉煮番茄的濃郁香味時，就代表開學之日不遠矣。成堆新紮的牧草塊是我和哥兒們的遊樂場，那些牧草堆得老高，還散發著草香。而我所就讀的橡樹谷（Valley Oak）小學，操場上瀰漫著單槓熱呼呼的金屬氣味，以及腳踏墊髒兮兮的樹脂酸臭味。鎮上公園灑水器噴出的水帶有一絲霉味。戴維斯企業的辦公室裡充滿未乾透的油墨、報紙和橡皮筋的氣味，我每天下午去送報之前，都先在那裡把一份份報紙捲好。小學的校外教學去參觀煉糖廠，一車車的甜菜根在那裡變成了潔白的砂糖，這種魔法般的神奇轉變，卻因為廠房裡充斥著黑黑的糖蜜、散發出令人窒息的臭味而失色。

我們家之所以遷居戴維斯市，是因為我父親進入當地大學的哲學系任職。戴維斯原為美國加州大學的農場用地，校總區設於柏克萊，戴維斯分校則坐落於炎熱、平坦又肥沃的沙加緬度河谷內，不過靠近比較涼爽的納帕（Napa）與索諾馬（Sonoma）丘陵地，並於一九六〇年代獨立設校，同時增設法學院及醫學院。值此之際，該校葡萄栽培與釀酒學系的研究人員正揭開加州釀酒革命的序幕，他們測量微氣候（microclimate）與土壤組成、開發新品種葡萄，並研究冷發酵及其他製酒技術。修習過品酒與釀酒課程的戴維斯畢業生，現多已躋身世界頂尖釀酒人之林。這一路走來，加州大學戴維斯分校的研究人員也致力於酒的感覺分析，他們的挑戰是要找出客觀的方法，套用到少數人從事的主觀認定領域之一：品酒。

諾伯爾（Ann Nobel）教授就是其中之一，她既是化學家，也是感覺專家。辨識葡萄酒所含的揮發性化學物質是她感興趣的課題之一，這些物質造就了各種葡萄特有的香氣，如卡本內蘇維翁（Cabernet Sauvignon）或麗絲玲（Riesling）等品種的葡萄，而劣酒的怪味也和揮發性物質脫不了干係。諾伯爾希望把香味化學與範圍更廣的葡萄栽種和釀酒要素連結在一起。

諾伯爾辨認香味的方法實用而有效。她可不像電影《尋找新方向》（*Sideways*）由保羅吉馬蒂（Paul Giamatti）飾演的葡萄酒鑑賞家那樣裝模作樣，把鼻子緊貼著酒杯，一面喃喃自語：「我聞到了草莓、某種柑橘……百香果、若有似無的蘆筍，好像還有艾登乳酪的堅果味。」為了更深入了解加州的卡本內蘇維翁葡萄，諾伯爾和她的同事海曼（Hildegard Heymann）從全加州選出產自納帕、索諾馬、亞歷山大谷（Alexander Valley）、聖伊內斯（Santa Ynez）等七個產區的葡萄酒。這些酒由釀酒學系的學員自己想個簡單的形容詞來分級，如莓果、胡椒、尤加利樹等。參考樣本則是由中性基酒加味調製而成，例如要表現出莓果味，就把半匙覆盆子果醬與半匙冷凍黑莓加入半杯酒，浸漬十分鐘後再取出黑莓即可。至於大豆和洋李的標準品，則是在基酒中摻入四分之一杯罐裝李子汁及十七滴龜甲萬醬油調味而成。

學員們單憑鼻子和九分制的分級法，用自己的方式嗅著、啜著，於是產生了堆積如山的數據（假想你要用一個檔案櫃裝滿這些數據，那麼檔案櫃的寬度要分成十三個描述項、高度包含二十一個葡萄品種、縱深包含十三個評級）。諾伯爾和海曼運用電腦程式截取少數幾種感覺範圍，然後把每一種酒放到範圍中的確切位置，這樣一來便能使樣品之間的嗅覺與味覺關係視覺化了。他們得出的結論是：「成熟度較低的葡萄及／或較寒冷地區所產的葡萄，比較容易釀出蔬菜風味較重的酒。反之，產自成熟度較高的葡萄及／或較溫暖地區的酒，則具有高度莓果芬芳，會在齒頰間留下果香，並帶有香草的香氣。」藉著實際的描述系統將酒香量化，他們找出了各種酒所出身的葡萄園條件。電話大師貝爾倘若地下有知，想必會欣慰不已。

簡單明瞭的「酒香轉盤」

後來，諾伯爾與同事在氣味分類史上贏得一席之地，他們於一九八四年發表「酒香轉盤」（Wine Aroma Wheel）。這個轉盤標示出酒香的一個個標準化詞彙，非常賞心悅目。它用十二大類、九十四個形容詞涵蓋了所有葡萄酒，不管其葡萄品種與原產地為何。如果初學者也想和鑑賞

諾伯爾的酒香轉盤

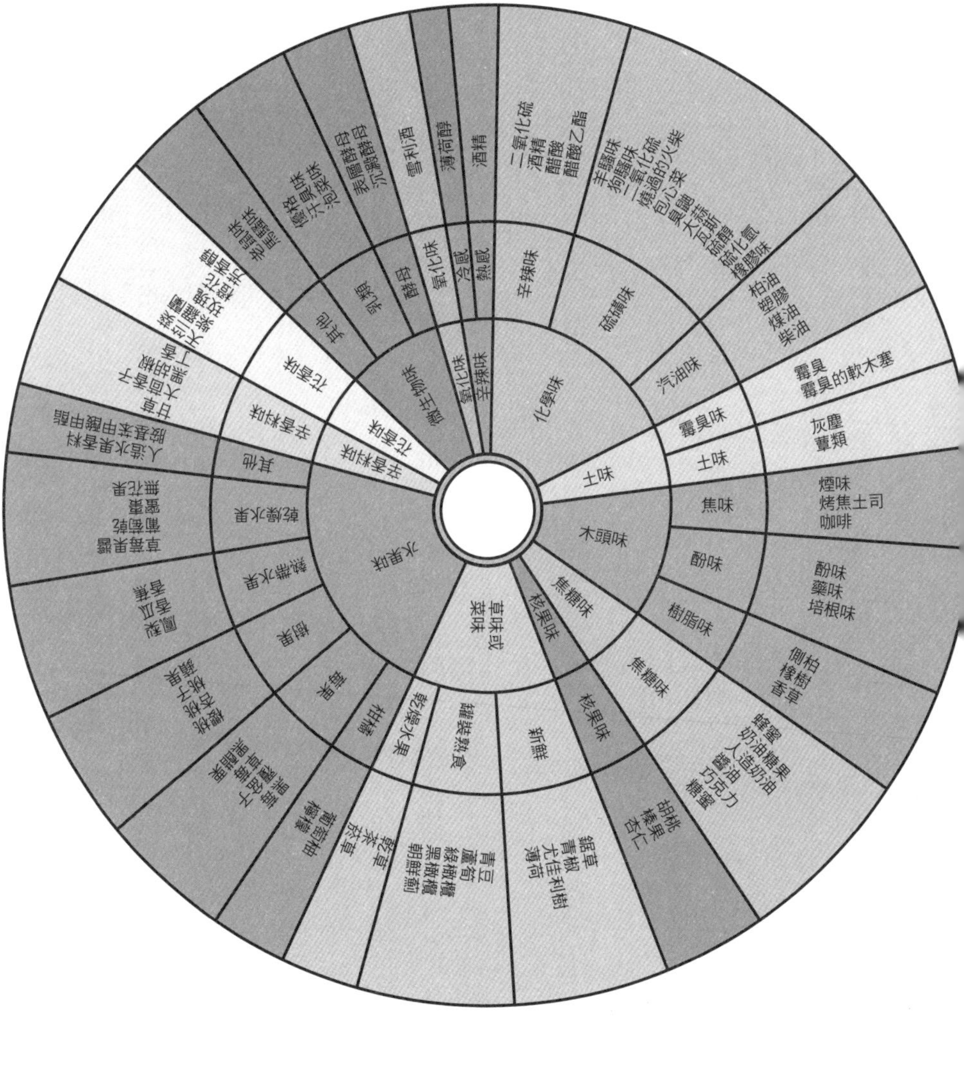

化學味
辛辣味
二氧化硫
酒精
醋酸
醋酸乙酯
硫磺味
羊騷味
狗騷味
二氧化硫
燒過的火柴
包心菜
臭大蒜
硫醇
硫化氫
橡膠味
汽油味
柏油
塑膠
煤油
柴油
霉臭味
霉臭
霉臭的軟木塞
土味
土味
灰塵
蕈類
木頭味
焦味
煙味
烤焦土司
咖啡
酚味
酚味
藥味
培根味
樹脂味
側柏
橡樹
香草
焦糖味
焦糖味
蜂蜜
奶油糖果
人造奶油
醬油
巧克力
糖蜜
核果味
核果味
胡桃
榛果
杏仁
草味或菜味
新鮮
割草
青椒
尤佳利樹
薄荷
罐裝熟食
青豆
蘆筍
綠橄欖
黑橄欖
朝鮮薊
乾燥水果
乾草
茶
菸草
水果味
柑橘
葡萄柚
檸檬
莓果
黑莓
覆盆子
草莓
黑醋栗
樹果
櫻桃
杏桃
桃子
蘋果
熱帶水果
鳳梨
香瓜
香蕉
乾燥水果
草莓果醬
葡萄乾
蜜棗
無花果
其他
人造水果香料
胺基苯甲酸甲酯
辛香料味
辛香料味
甘草
大茴香子
黑胡椒
丁香
花香味
花香味
天竺葵
紫羅蘭
玫瑰
橙花
芳香醇
微生物味
其他
老鼠味
馬騷味
乳類
優格
汗臭味
泡菜味
酵母
表層酵母
沉澱酵母
氧化味
氧化味
雪利酒
辛辣味
冷感
薄荷醇
熱感
酒精

家一樣擁有這種轉盤，只要自己動手製作參考標準樣品就行了；透過簡單的廚房化學，每個人都可自行創造並體驗一番。像諾伯爾便對市售的品酒工具組頗有意見，她相信那一瓶瓶香精的化學性質並不穩定，通常很快就會變質。這促使她著手製造新的參考標準樣品，號稱「用全世界當季所能取得的食材」即可製備。

酒香轉盤看上去很像射飛鏢用的靶：有三個同心圓，如同切披薩般，分成十二個寬度不等的扇形部分。最內圈之中，每個扇形區塊的尖端都是一種香味類別，例如水果味；扇形區塊的中間那圈則分成柑橘、莓果或樹果之類的次類別；外圈則為具體的材料，即每一種香味次類別的實際例子，如此一來，你就可以順著水果味的扇形區塊，經由莓果的次區塊到達外圈，找到黑莓、覆盆子、草莓和黑醋栗。諾伯爾的轉盤之妙，在於把感覺概念與實際的日常物品兜了起來，可以從麗絲玲葡萄連結到覆盆子。只要一盤在手，你就能來一趟嗅覺啟發之旅。

這種一目瞭然的方法，讓任何人都能了解轉盤上各區塊的奇怪類別，像是「微生物」和其詭異的次類別「乳類」，只要你聞聞該類別所列的實際例子，即優格與泡菜，你終於恍然大悟，原來形容得還真貼切呢。此外，酒類鑑賞家會用「狗騷味」（wet dog）一詞形容某些酒，酒香轉盤也揭開了這個詞的神秘面紗：它是「化學味」類別中「硫磺味」的實際例子之一（與臭鼬、包心菜和燒過的火柴並列）。

酒香轉盤不會出現評酒人常用的空泛形容詞。你可以在上面找到「橙花」、「黑橄欖」、還有聽起來不怎麼樣的「肥皂味」和「煮包心菜」，但你不會看到如電影《尋找新方向》主人翁雷蒙（Miles Raymond）❷的風格，像是「桀驁不馴的小小黑比諾葡萄（Pinot Noir）」或「下垂過熟的卡本內弗朗葡萄（Cabernet Franc）」，這類描述簡直像不拘形式的散文詩，所表現的多為愛酒人士的矯揉造作，並非葡萄酒的特徵。而要使用酒香轉盤，你只需要酒杯和雜貨店就夠了。

全世界採行的「啤酒風味轉盤」

啤酒氣味的實用分類法，則是一九七〇年代由丹麥氣味化學家梅格（Morten Meilgaard）所創，他的「啤酒風味轉盤」（Beer Flavor Wheel）現已為全世界所採用。啤酒風味轉盤使用十四個類別與四十四個感覺用詞，描述各類啤酒的氣味與口感，包括淡啤酒（lager）、麥芽啤酒（ale）與濃烈黑啤酒（stout）等。大多數的描述詞與氣味有關，其餘則關於口感（啤酒花的苦味、麥芽的甜味）以及感覺因子如「碳酸化」。梅格的系統也包括參考標準樣品，靈感雖來自諾伯爾的葡萄酒轉盤，不過各異其趣。梅格系統的標準樣品必須使用純的化學物質調製，例如要仿造出啤酒氧化後的「紙味」，就得添加「順式—二—壬烯醛」（trans-2-nonenal）。

釀酒人最好的朋友是他的鼻子，一聞到符合期待的香氣，即知產品何時可以上架。藉由辨認產品的怪味，釀酒人可以矯正釀造過程的問題，例如濕報紙的氣味表示啤酒已經氧化，受日照而變質的啤酒則具有臭鼬般的氣味。許多年前，墨西哥產的可樂那啤酒品質不佳又容易氧化，飲用

❷即由保羅吉馬蒂飾演的男主角。

時需加入一片檸檬，檸檬片所含的酸能在酒中起化學作用，可以有效中和怪味。現在，可樂那啤酒的品質已不遜於世界上任何一種啤酒了，但在可樂那啤酒加一片檸檬的傳統仍保留至今。

梅格的啤酒系統並不像酒香轉盤那樣受到非專業飲酒人士的好評，因為啤酒系統的參考標準樣品是由單一化學物質製成，雖可調配得極為精準，卻無法重現如覆盆子或蘆筍這類複雜的氣味，而且費用不便宜，使用上也不太容易，業餘啤酒愛好者很難在家裡自己動手做。更教人挫折的是，啤酒風味轉盤的有些描述詞把使用者搞得一頭霧水，例如在「硫磺味」這個類別裡，盡是「硫磺」、「亞硫酸鹽」、「硫化物」這類只有化學家才可能有興趣的術語。

全球瘋迷氣味轉盤

氣味轉盤的訴求，是把產品特有的氣味組織成少數又容易辨認的類別，於是世界各地的食品業界也推出各自的版本。瑞士有巧克力香味轉盤，加拿大則慣用楓糖製品風味轉盤；有泛用於歐洲的單一花種蜂蜜轉盤，還有專用於乳酪的轉盤（然而這種轉盤列出七十五種不同的氣味，對乳酪迷其實沒什麼簡化的效果）。南非有白蘭地轉盤，而出身柏克萊的調香師艾芙特（Mandy Aftel）也創造了天然香水轉盤。近年來，美國費城的水資源局有人提出一種轉盤，用來辨別在下水道發現的氣味；你只要徘徊在費城的舒約契爾河（Schuylkill River）河畔，就知道那條河的廢水真是什麼味道都有呢。全世界都在瘋轉盤，我們也可預見，未來必定有更多轉盤問世。

調香師的煩惱

「氣味空間」是個虛構的數學領域，涵蓋一切可能的氣味。在氣味空間裡，葡萄酒和啤酒的香氣僅是冰山一角；氣味全域遠非人類的鼻子所能察覺。香水與古龍水在氣味空間裡占了很大的區塊，市面上至少有一千種香水與古龍水，每年還以二百種的速度增加，任一種都含有五十至二百五十種成分。若有人必須持續追蹤一大堆氣味，當然就是創造香水與古龍水的調香師了。

香水調製技術自文藝復興時代在義大利開花結果以來，實務方面的核心並未有太大變化。在那個年代，手邊可用的成分不超過二百種，全都出自天然來源，有植物性（精油、樹脂、香料與樹皮）也有動物性（麝香與麝貓香）。到了十九世紀後期，有機與合成化學領域創造出一大群新原料，有些是新穎的人造分子，其他則是從自然界的複雜混合物分離出來的純物質。於是，現代調香師的調味盤比前人大多了，要熟記這些原料自然更加困難。他們要怎樣才不會弄錯呢？

專業調香師卡爾金（Robert Calkin）與傑里內克（Stephan Jellinek）解釋：「調香師剛入行時，一見到實驗室的藥品架上排滿了數百瓶原料，不僅怪異且通常不太好聞，心頭可能就涼了一大截。但對有天分的學徒而言，學習辨認它們其實不像最初想的那麼困難。」根據這些專家的說法，竅門在於不斷精進一些特定的認知技巧，也就是學習新的心理類別（mental category），以及如何將新的氣味套用其中。想成為調香師，你要做的不是學會聞香，而是學會「思考」。

學習「思考」氣味

訓練的第一步是記住可用成分的氣味。主要的教學技巧是由法國調香師卡爾斯（Jean Carls）所發展出來的奇華頓訓練法（Givaudan method）❸，引導學員用「矩陣法」記住主要成分。假想一張畫有許多行與列的表格，每一行分別代表一族香氣，像是柑橘味、木材味、辛香味等，而每一列各代表一堂課。第一堂課讓學員逐列嗅聞每一族香氣的一種原料，例如檸檬油、檀香木油與丁香油。第二堂課則讓學員嗅聞新的實例，像是佛手柑油、杉木油和肉桂皮油。這樣的過程持續約九堂課，此時學員已經熟悉各族之間的嗅覺差異。

接下來進入困難的部分，即學習在同一族當中相互比對。接下來的每堂課會一一爬完矩陣中的每一列，例如在「柑橘味」的課程中，學員要聞檸檬、佛手柑、紅橘、柑橘、血橙、葡萄柚及萊姆。調香師及講師摩根泰勒（René Morgenthaler）提起這套課程的目標，是要幫學員對每一種成分建立起屬於自己的印象。從事香水調製工作必須牢記細微的差異，這些個別的心理聯想便是其中的關鍵。從嗅覺新人訓練營結訓的學員，必須能夠鑑別出一百種天然材料與一百五十種合成材料，而專業調香師終究得熟悉其公司實驗室的每一種材料，隨便都有五百至二千項，並且要能逐項鑑別出其中的每一等級。

記住基本原料後，受訓者的下一步是學習用調香師的方式來思考。專業人員在分析或創造香味時，並不是從個別成分的角度思考，而是思索其特有的集合，稱為「香調」（accord）。搭配效果極佳的數種原料混合在一起（鮮少超過十五種）即成一種香調，為香水調製術的基石。調香師將若干香調結合在一起，創造出香水最初的梗概，有時稱為骨幹（skeleton）。某種程度而言，創造香水就好比設計軟體：程式設計師以軟體構件模組為出發點，而每一個軟體構件模組包含了好幾行程式碼；電腦程式是由眾多模組構築而成，正如香氣是由數個香調集合而成。將兩者做進一步類比：電腦軟體要靠一次次的除錯來測試，香水則需再三嗅聞檢驗並微調其配方。

香水調製術這麼一種主觀又因人而異的技藝形態，想必很排斥電腦化吧。事實正好相反，基於追蹤材料及記錄配方的需要，香水調製業界很快就適應了數位世界。從更為根本的層面看來，調香師和軟體設計師有著類似的心態，這牽涉到副程式與模組的邏輯。要記熟那些數以千計的成分是極費腦力的，這份苦差事就可讓電腦科技來分擔一部分。調香師在螢幕上瀏覽公司所有材料的庫存，不停敲著滑鼠鍵以組合出新配方；他們把一切儲存起來，包括配方、嘗試失敗的結果及偏好的香調。在創作過程中，電腦軟體是一位機靈的夥伴，一旦使用者選取兩種化學性質不相容的材料時，它會發出警告，以免調出的配方經過陽光一照就變了色。最重要的是，它不斷計算著各個配方的成本，並在螢幕上顯示使用每公斤精油花了多少錢。無論一個案子的創作空間有多廣，調香師永遠背負著預算壓力。

初學者一旦開始用調香師的方式思考，新的聞香方法便開始萌芽；個別的成分靠邊站，香氣

❸奇華頓是瑞士著名的香水公司。

的整體才是王道：他們會學著先聞過整片森林，再去嗅聞森林裡的一棵棵樹木。打個比方，給他們一瓶新創古龍水，他們很快認出那香味屬於薰苔調（Fougere），接著才嗅出薰苔調的輪廓是由哪些個別氣味特徵所界定出來，即薰衣草、廣藿香（patchouli）❹、橡苔（oakmoss）❺及香豆素（coumarin）❻。確認了這些項目之後，他們進一步聞下去，找出令這種配方凸顯於世上所有其他薰苔調之外的新手法或細微差異。

調香師把他們的世界簡化成少數易於掌握的香味系，運用眾所周知的一些香調，將創造氣味的流程做了簡化。他們的工作不是死記香味，而是辨識香味的形態；他們心中有張圖鑑，亂中有序地羅列著大小細節。和大多數才華洋溢的創作者一樣，調香師多少有點瘋狂，但倒是不會為了記住成千上萬種氣味而被逼瘋了。

血拼香水時該如何挑選？

百貨公司與精品店裡陳列著幾百種香水，讓顧客聞個過癮，或低調典雅，或花稍庸俗，有與眾不同的正品，也有明目張膽的仿貨。這麼多香味攪和在一塊，置身其中簡直教人嗅覺超載，我們要如何挑出想買的香水呢？一般人未經訓練，不具有調香師的思維，根本就是大海撈針。

業界有許多公司聘用調香師，為卡文克萊（Calvin Klein）與寇蒂（Coty）這類品牌創造香水；這類公司稱為香水工坊，它們發現以氣味來釐清香水的脈絡是個好方法。哈曼雷默公司

（Haarmann & Reimer）出版過一本香水族譜，把當今每一種香水一路追溯至初次亮相時的前身。這真是一本香味聖經，開頭是一八九八年嬌蘭 *Jicky* 系列，衍生出一九一二年寇蒂 *Emeraude* 系列，再衍生出一九二五年嬌蘭 *Shalimar* 系列等，之後又經過一九八五年卡文克萊 *Obession* 系列至今。有些香水長青樹已成為眾所周知的經典，而看到一些曾在當代睥睨一時、如今已然式微的品牌，仍教人肅然起敬。族譜揭露了香水的歷史意義，對血拼客卻無立即的助益。

另一種形式的香水指南則是將每種品牌依香氣系編目，諸如花香、醛味、柑苔調（chypre）等，但你若不知「柑苔」為何味，這本指南就愛莫能助了。（「柑苔」一詞所涵蓋的調性，共通之處在於具有暖性的木質調，略帶動物般的氣味。）如果你喜愛雅詩蘭黛的 *Pleasures* 香水，便可從中找到一些類似的香味，只是你並不知道聞起來有多相近，也不知道究竟有何差別。是比較濃？還是比較刺鼻？是淡了些？或者麝香味重了些？

大多數人在血拼之前並不會查閱參考書。他們直奔百貨公司，而一旦身在其中，事情就沒那麼簡單了。每個香水品牌都設有專櫃，配有專屬銷售人員，專櫃小姐只向你強力推銷自家的香水，即使最適合你的香水離你只有一櫃之遙，也彷彿隔了萬重山。詩芙蘭（Sephora）美妝店顛覆了零售業傳統，引進「開架式」陳列，各品牌按照字首英文字母的順序排列在架上。詩芙蘭的

❹原產於印度和緬甸的紫蘇科薄荷類植物。
❺生長於橡樹的地衣植物，可用來製造香料。
❻最早在香豆（Tonka bean）發現而得名，廣泛出現在各種植物，常用於香料或藥用。

店員與任一特定品牌都沒有既定的利益關係，因此樂於向你介紹各個品牌。為了把「感覺邏輯」引進店面設計，詩芙蘭還嘗試依香味系陳列香水，像是東方味的擺這兒、花香系的放那兒。對於必須重新思索方向的零售商來說，這項創舉也許正是迫切需要的。

圖表也好，指南也罷，即便是出於專家的意見，在氣味空間裡仍非普適觀點，它們呈現的只是由一間香水工坊所創造的世界，更可能只是其首席調香師的觀點。單一分類法尚且難產，更遑論訂出業界標準了，而就算訂出了標準，還是無助於一般消費者，因為調香師的思考模式畢竟異於你我。消費者只聞到花香，專家卻能察覺到其中的保加利亞玫瑰芬芳；許多香水所具有的花果香，多數人都分辨不出箇中差異，但專家就是能從中找到鮮明的差別。若有一種圖鑑能把各種品牌依照帶給常人的嗅覺感受來分門別類，這才是一般人需要的。

香水的成分與意象

香水製造商針對消費者的宣傳手法有二：成分訴求與意象訴求。以雅詩蘭黛暢銷的 *Beautiful* 系列（一九八五年）為例，其商品說明即為典型的成分訴求：

玫瑰、百合、夜來香、金盞花、鈴蘭、茉莉、依蘭香水樹、黑醋栗與康乃馨纖柔無比的芳香，帶有清新的柑橘調及鮮明的果香，以及鳶尾根、檀香、香根草、苔與琥珀的暖性基調。

「成分訴求」要能引起共鳴，前提是人人對數十種原料的熟悉程度皆可媲美調香師，可是聞過鳶尾根或香根草的人其實少之又少。鉅細靡遺地列舉成分看似精確，其實是假象。即使在調香師的眼裡，*Beautiful* 香水也不是一張成分的列表，而是視為一大群帶有琥珀般暖調性的複雜花香。因此對逛街採購的人來說，成分訴求是幫不上忙的。

相形之下，「意象訴求」則完全著重於氣氛的營造。魅惑、熱情及神秘的效果，使得意象訴求成為品牌經理與廣告商的自然語言。且讓我們實際聽聽一位行銷副總裁在美妝產業貿易雜誌談論一種新的男士古龍水：「它鎖定年輕、時髦、嬉皮、前衛的客層。」到目前為止，聽起來還好。想當然爾，有哪個穿著邋遢的老古板會買一大堆古龍水回家？「新品牌的定位是要捕捉這個城市的脈動與活力。」這個說法尚稱合理；關於這種非必需的消費，人們才不會把錢砸在無精打采、慢吞吞又土氣的香味。不過，新的香味聞起來像什麼樣子呢？且聽「意象訴求」怎麼說：

> 香氣特徵本身乃受城市所啟發，我們將其中最首要的特徵形容為「充滿生機的液態空氣」，它融合了金屬醛類的基底，並捕捉了現代都會環境的鋼材與玻璃予人的明亮感。它十分清新，剛開始幾如金屬感，繼而乾透，呈現出底層更熱情、更性感的仿麂皮及木質芬芳。

好個令人印象深刻的散文詩啊。實際上有兩種氣味蘊藏其中：仿麂皮及木質。仿麂皮的範圍相當特定，我們會想到柔軟的皮衣或一雙新鞋的氣味。另一方面，木質涵蓋的範疇就很廣了，包括松樹、橡木、側柏、紅杉、柏樹，當然也別忘了檀香木。各位年輕又時髦的嬉皮帥哥們，你若想知道這種新古龍水聞起來是什麼味道，非得親身聞過一遭不可。

「意象訴求」把尋常的形容詞（如清新、木質）與專門術語（如醛類）連接起來，並以感性的措辭（如「鋼材與玻璃予人的明亮感」）包裝起來，如此一來，行銷結果也就拉出長紅啦。

香水評鑑與評論

香水世界顯然欠缺一位夠分量的獨立評論家，業界並沒有如美國著名影評人埃伯特（Roger Ebert）這等權威人物。曾有位名叫杜林（Luca Turin）的科學萬事通自詡為專家，嘗試扮演「香水自由評論家」的角色。杜林並非任何一家香水製造商的傳聲筒，他十分注重香氣的美學，可是寫的短評極易流於固定格式。且來看一小段：「*Après l'Ondée* 幾乎沒有隨時間而改變；其核心的白色調既惹人又有點小壞，氣味猶如桃子核，立即轟炸你的嗅覺又永保神秘。」杜林讓 *Après l'Ondée* 聽起來既抽象得不得了，又寫實得令人生厭，但讀者依舊搞不清楚它聞起來像什麼。

噴香水的客人需要的是融合美感與專業風格的評述，就像汽車雜誌的試駕評鑑專欄，一段話便可道盡車輛的操控性與行李廂空間。二〇〇六年，《紐約時報》破天荒選定布爾（Chandler Burr）為香水評論員。布爾採用傳統的五星級制為香水排名，撰文風格甚為著重美感：「這種香味帶有魯本斯（Peter Paul Rubens, 1557-1640）[7]畫中的暗色調，像是溫暖、豐饒的紫黑色；

*Pomegranate Noir*古龍水彷彿一盒松露巧克力，粒粒深暗甜美，只待你將蓋子掀起。（話是沒錯，不過它的特性是什麼呢？）」

若是講究實際的香水愛用者，可能更愛英國《地鐵報》的「安德魯」（Andrew），他寫的分析文章就不會那麼文謅謅。在他筆下，美國藝人珍妮佛羅培茲的*Live Luxe*香水被形容成：「搽這種香水的女人要不是勇氣十足，就是精神錯亂。把這種香水噴在身上，那股滑稽的甜味和水果味，有如出門時打扮得活像卡門米蘭達（Carmen Miranda）❽，並拿水果雞尾酒往你的乳溝倒下去。讓人精神一振，但在密閉空間裡還是少用為妙。」安德魯把它推薦給「一心想讓人永生難忘的女士」。

此外，坊間有抽雪茄的人專屬的《雪茄客》（*Cigar Aficionado*）雜誌，有愛酒人的《美酒鑑賞家》（*Wine Spectator*）雜誌，何以獨缺香水愛好者專屬的雜誌呢？比方就叫《香水迷》如何？這類雜誌的空缺就有待出版商來填補了。在此同時，網際網路的虛擬世界有香水部落客如雨後春筍般竄起，像是IndiePerfumes、Anya's Garden of Natural Perfumery、SmellyBlog、Scentzilla等。這個社群日益壯大，各有各的個性與專業、嚴肅認真與異想天開，卻絕對少不了對香水的熱情。這些部落客正在開創描述氣味的新方法，我認為他們的心血也許能孕育出別開生面、完備健全又

❼魯本斯是法蘭德斯畫家，是巴洛克藝術富麗風格最偉大的代表人物。

❽卡門米蘭達是一九四〇年代活躍的葡萄牙裔女星，招牌造型是頭上頂著一堆鮮花水果，誇張俗豔。

十分有用的方法，把香水的世界組織起來。

氣味大雜燴

在氣味的國度裡，香水、花卉和美酒在光明的高地上各據一方，而在陰暗的一角則有一片臭氣熏天的沼澤，充滿諸如橡膠燃燒與雞蛋腐臭的氣味、還有公車上那個不發一語卻討人厭的傢伙所發出的體味。鮮少有人嚮往研究臭味，自然也不會有所謂的「惡臭達人」了。然而，我們若真想了解氣味的概念，就必須通盤考量，好的、壞的、惹人嫌的都不例外。那麼，究竟有沒有萬物通用的嗅覺分類法呢？

林奈也做氣味分類

根據一般的說法，所有重要的分類法都可以回溯至十八世紀的瑞典博物學家林奈（Carl von Linné, 1707-1778）。林奈是科學分類學的鼻祖，事實上他對這個主題有些走火入魔，不但將動植物、岩石與海洋生物做分類，甚至把門下的科學家也列入他的分類名單。早在成為四處走透透的野外生物學家之前，林奈伏案苦讀，他比較關心如何界定一個物種的某一「類型」，而非自然變異的範圍，因此在某些歷史學家眼中，他是個頑固的基本教義派，幾十年來壓抑了生命科學的進展。儘管如此，林奈用兩段式拉丁文為每一物種命名，這個決定堪稱神來之筆（但他不認為這是多麼了不起的創新），也成為所有現代分類學的基礎。

心理學家多半認為氣味的科學分類法也是林奈首創，然而似乎很少有人實際讀過一七五二年的那篇論文，以拉丁文「*Odores medicamentorum*」為題，意為「藥的氣味」。這篇論文是第一條重大線索，點出林奈的主要興趣不在氣味，而是植物的藥性。林奈相信，他能從植物的氣味預測其療效。按照他的想法，無味的植物不具醫療價值，氣味濃烈的植物具有極大的藥效。同樣的，他相信散發甜味的植物對身心有益，氣味令人作嘔的植物有毒，辛辣的植物有刺激性，惡臭的植物會使人「麻木」，而這些效果乃因植物氣味直接作用於人類的神經所致。要是你認為這位瑞典最偉大科學家所持的觀點，其實和當今的「新時代芳療師」沒啥兩樣，倒也無可厚非。

林奈要將有用的藥用植物以氣味歸類，他想出了七大分類，分別為香味、辛辣味、麝香味、蒜味、山羊味、腐臭味及噁心味。他只關心如何用氣味將天然藥材分門別類，而不是想創造出所有氣味都通用的分類法。事實上，他對氣味本身興趣缺缺，對他而言，氣味只是氣味（這就可以解釋他的分類法為何沒有花香、果香、木質、綠葉這類明顯的氣味類別）。縱使林奈只著眼於藥性，又對各種氣味的感覺特質視而不見，歐洲科學家仍視他為「將氣味進行科學分類」的第一人，結果招致一場大禍：氣味研究者因此走了長達兩個世紀之久的冤枉路。

科學氣味分類標準不一

下一位科學氣味分類者的出現，時屆十九世紀末期，他是荷蘭生理學家瓦得梅克（Hendrik

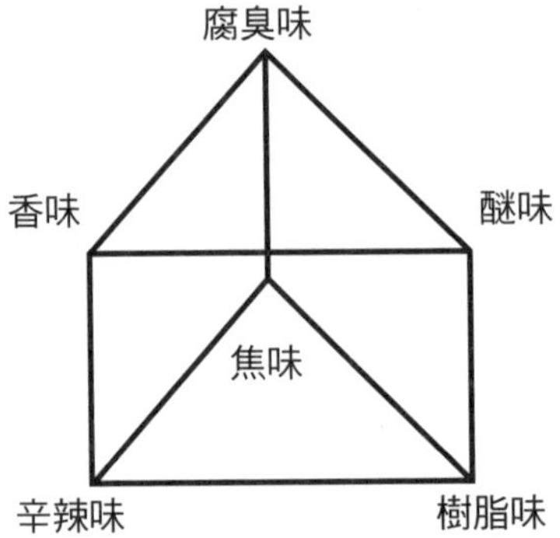

Zwaardemaker, 1857-1930）。他自稱對氣味並不特別感興趣，從他的工作便知道他不怎麼在乎這項課題；他的主要貢獻是在林奈的氣味分類之中追加兩項新類別（醚味與焦味），並在每一類別之內創造子類別。新版的分類系統較為複雜，也稱不上是容易理解的分類法（畢竟他硬把世上每一種氣味塞進幾個類別裡，但那些類別只是為難聞的藥用植物做分類）。瓦得梅克煞費苦心地解釋他的系統，然而只是與先前的分類法相互參照，就像報稅時填寫的稅金代碼般又臭又長，無聊得叫人直打呵欠。瓦得梅克的分類法就像林奈的系統一樣，完全根據個人的主觀評價，而不是客觀的實驗數據。

德國生理學家赫寧（Hans Henning, 1885-1946）毫不留情地抨擊瓦得梅克的分類法，說它前後矛盾又荒謬。瓦得梅克對氣味的形容方法偏好從小說與文學作品取材，而非來自於自己鼻子的直接體驗，赫寧針對這點大加撻伐，他堅持感覺經驗高於空泛的闡釋，他的座右銘是：「聞聞看吧！」他於一九一六年提出自己的分類法，其中有兩個相當重要的賣點：一是以實驗數據為本，二是搭配現成的視覺表述方式，稱為「氣味稜柱」（odor prism）；

這套分類法的幾何形象看起來頗具說服力，既有條理又簡單明瞭。稜柱的六個角各自表示特定的氣味性質，赫寧宣稱任何氣味皆能在稜柱表面找到定位，其與任一角之間的距離，便代表那種氣味性質的相對貢獻。

可惜，赫寧過分高估自己的能耐。美國的心理學家確實無法抗拒「氣味稜柱」那簡潔的幾何性質，哈佛大學、克拉克學院（Clark College）、瓦沙學院（Vassar College）的實驗室都曾測試其可行性，然而最初的熱情退燒之後，美國人很快便發現赫寧的理論很繁瑣，而且過於籠統，難以做出經得起考驗的預測；在科學家手中，它產生了不確定的結果。赫寧最初理論的根據，只是從少數實驗對象得到的結果；現在看來，那些人若無作假，則他們對氣味的反應顯然極為一致。（氣味感知的正字標記就在於因人而異，而且個體差異頗大；隨機挑選的人們聞出來的結果，不太可能如赫寧所稱的那樣分毫不差。）回想起來，赫寧那個理想化的「稜柱」實在有點過於簡潔；不可否認，它簡約的幾何造型相當誘人，但在人類經驗的領域中，嗅覺可是數一數二地不按牌理出牌呢。

氣味稜柱在美國心理學界失寵，使得歐洲慣用的空談式氣味分類法終告結束。「通用氣味分類法」的追求，就此從哲學式的推理完全轉為以實驗為根據的研究，其重心也越過大西洋，從歐洲轉移到美國。而氣味稜柱雖然過氣了，當今的百科全書與教科書仍有它的身影，證明它具有重要的影響力。

數字標示氣味成新寵

美國人對赫寧的稜柱感到失望，於是克勞可與韓德森（也就是前文喊出「一萬種氣味」估計值的兩位仁兄）發明了一套新的嗅覺分類系統。他們先選出四個「基礎氣味感覺」，包括香味、酸味、焦味及羶味，接著組合出一組氣味作為參照基準；藉由這個方法，便能將任何氣味的各項基礎感覺分成零到八級。例如玫瑰的分級為香味六、酸味四、焦味二及羶味三，「六四二三」這四個數字於是搖身一變，成了特定氣味的數位識別標記。用同樣的方法，可得醋為三八〇三、新焙咖啡豆為七六八三。將知覺特性以數字來描述的做法並不奇怪，例如印刷業常用的 Pantone 標準色票就是將顏色樣本編號，讓平面設計師與印刷廠之間能精準地溝通。

克勞可與韓德森的系統廣受好評，因為它根據的是由經驗而來的資訊及一套開放的標準，任何人都可以上手。這套系統於一九二七年發表，之後不久即商品化，你可以向美國紐約市的凱記科學公司（Cargille Scientific, Inc.）訂購整套參考氣味。很快的，酒廠、香皂公司、美國軍方甚至美國農業部都成了它的愛用者。感覺心理學家最初對這套系統抱以正面的評價，但在一九四九年，美國巴克內爾大學（Bucknell University）的研究員給了它重重一擊。他們發現一個人若未經過訓練，就無法將三十二種參考氣味分成類似克勞可與韓德森所設定的四項基礎感覺；此外，人們也無法將屬於同一類基礎感覺的八種氣味依其濃淡排出順序。由於克勞可與韓德森的系統是以基礎氣味及其中濃淡為前提，因此這些新發現重重打擊其邏輯性。於是，使用者的熱情煙消雲散，這套系統最後下台一鞠躬。

創意分類法不敵實際需求

另一波氣味分類法的創意爆發時期，發生在一九五〇與六〇年代。當時化學家阿默爾（John Amoore）發現異戊酸的氣味好似臭腳丫，卻有人不覺其臭，而且這種人對類似的氣味也相當不敏感，顯現出「嗅盲」（odor blind）現象。阿默爾提出「汗臭味」是一種原味，就和紅色是三原色之一的道理相同。他找出具有類似形狀與氣味的分子，認定它們可能就是其他原味的基本成分，最後提出七種氣味：樟腦味、麝香、花香、薄荷味、醚味、辛辣味及腐臭味。雖然阿默爾確實成功發現了其他「選擇性嗅盲」的案例，但他的原味論在嚴峻的感覺測試之下，並未獲得測試結果的支持。對氣味分類而言，分子的結構特徵終究不算是可靠的指引。

氣味分類的最新嘗試，則是採用一種稱為「語意剖析」（semantic profiling）的手法，由一九六〇年代的香料化學家卓夫內克（Andrew Dravnieks）首倡並沿用至今。研究人員列出一長串的氣味描述語，請人們盡可能把適用於特定氣味樣本的語句勾選出來，期望藉由足夠的描述語、嗅聞及統計分析浮現出某種模式。有些模式的確顯現出來了，把描述語相近的氣味分成同一類畢竟不是難事，問題是這種做法把我們帶回到起點，又是把聞起來相似的氣味用相近的形容詞來描述，而我們想知道的卻是：「它們聞起來為何如此相近？」當下，科學家都被這問題難倒了；答案既不是氣味分子的結構，也無法從一票形容詞所得到的分類方式看出所以然來。所以，當今的研究人員都不太願意提出與舊式分類法相似的東西了。

分類氣味各憑喜好

若說歷史中堆滿了「通用氣味分類法」實驗失敗的殘骸，那麼環顧這片斷垣殘壁，我們仍能從中學到教訓。共通之處在於它們的基礎類別都很少，不是四種就是六種、七種，了不起九種，看你喜歡誰的方法。世間的氣味種類多得嚇人，因此得簡化成少數幾種叫得出名字的類別以便掌握，如同大腦將可見光範圍劃分為少數幾個色彩一樣。

例如有人採用標準香水類目來涵蓋怡人的氣味，總計會用上一、二十種類別（包括木香、花香、果香、柑橘香等）。如果還想把世上的臭味也一併含括，需要追加哪些類別呢？「糞便味」這個類別可涵蓋的範圍很廣，從有益的馬糞堆肥，乃至演唱會現場流動廁所裡難以忍受的臭氣。「尿味」這個類別則可包括療養院裡的酸臭味，以及美式足球賽近尾聲時，球場廁所裡小便斗的濃濃臭氣。有些氣味令人反胃，像是嘔吐物和臭得要命的腳丫，我們也必須為它們增設一個類別；各種程度不一的魚腥味又需要另外一類；臭鼬、硫磺、橡膠燃燒還可以構成另一類；最後，腐肉的惡臭可能也要自樹一幟。這六大類就足以囊括全世界大多數不好的氣味了。氣味可能的總數極大，所屬的類型數目卻極少，哪一種令你覺得比較訝異呢？

大腦辨識氣味的極限

這類精簡過的分類系統，能夠應付真實世界裡的嗅覺複雜度嗎？人腦對於降低複雜度顯然已相當得心應手。澳洲心理學家賴英（David Laing）首先探索相關問題：單靠鼻子，我們能從複雜的混合物中認出多少種氣味？他先從一些特殊的氣味開始，像是綠薄荷、杏仁和丁香，這些氣味單獨存在時，每一種都不難辨認。他著手調配混合氣味，剛開始一次混合兩種氣味，並請人們盡可能分辨其中的所有成分。混入的氣味愈多，會使從中認出單一一種成分變得愈加困難，而且難度高得驚人。例如有三種以上氣味混合時，超過八成五的人連一種成分都辨認不出來。

賴英把試驗弄得簡單一些：他會告訴受測者一個目標氣味，然後問他們能否在混合物中聞到該氣味。儘管如此，人們還是很難從三種以上的混合氣味中找出目標。問題難道是因為受測者不夠熟練嗎？賴英於是請調香師與香料調配專家接受測試，結果從混合氣味中辨認出二或三項成分，專業人士確實優於業餘人士，不過要從混合氣味中辨別超過三種成分，即使受過專業訓練又身經百戰的專業人士，也只有高舉雙手投降的份。

賴英推測，這是因為他調配的樣品都是由單一化學成分的簡單氣味所組成，多少有些不自然，而且難以解析。因此，他改用乳酪和巧克力這類複雜的氣味作為混合成分，並重做上述實驗。結果依舊沒變：沒有人能突破四種氣味的極限。這是因為個別氣味的特色不夠明顯嗎？有些氣味很容易調和在一塊，如柳橙、杏仁與肉桂；或許要那些調和性不佳的氣味，如蕈類、鋸草與柑橘，才會比較容易從混合氣味中辨認出來。賴英發現，這真是一大重點，然而四種氣味的屏障依舊牢不可破。

我們為何如此拙於以自己的方式嗅出香氣？我們蒐集嗅覺訊息的能力可說非常傑出，單一氣味的濃度即使低得異常，人類的鼻子都能偵測得到。比起在複雜的混合物中追蹤出某種氣味，我們更善於收集氣味。賴英所見到的極限（四種以上的氣味混合在一起，人類即無法分辨出其中成分）正說明了問題不在鼻子，而是出在腦子。我們思考氣味、加以辨析的能力很有限。

最後，「世上總共有幾種氣味」這個問題，或許還不如「理解這個世界需要多少氣味類別」來得有意義。一旦知道問題的答案，將可更加了解大腦如何處理鼻子所提供的資訊。

第二章

哪些氣味分子搞的鬼？

腐屍燃燒之時，不要期望會與劇臺上新撒的西里西亞番紅花、鄰近祭壇散發的東方香料芬芳產生形狀相同的原子群進入我們鼻中。

——盧克萊修（Lucretius, 100-55 BC，古羅馬詩人與哲學家）

嚴格來說，氣味只存在我們的腦袋裡。空氣中的眾多分子當中，我們只將其中一部分標記為「氣味」。氣味屬於感知，並非世間的實體。苯乙醇分子聞起來之所以像玫瑰，是我們的大腦使然，而非這種分子的性質。森林中有棵樹燒了起來，並不會發出氣味，是有人在附近才會「聞到」它在燃燒。火星沒有大氣層，而且過於寒冷不宜人居，不過從它表面的化學組成看來，如果我們登上火星，想必會聞到濃濃的硫磺味，有朝一日我們或許有機會驗證。阿波羅登月任務的太空人發覺，他們帶回登月小艇的月球沙土，聞起來有如火場中浸了水的灰燼，或是獵槍彈殼上燒過的火藥。

姑且先不咬文嚼字，嗅覺感知通常為物理本質所致：分子夠輕，能夠揮發並隨氣流飄進我們的鼻子。（還是有些奇特的例外：早期的核試爆是在地面上進行，有些觀察員在爆炸的瞬間會感到有股金屬味襲來；還有一種罕見的病症稱為幻嗅〔phantosmia〕，即使沒有任何外部刺激，病患仍會感受到一股氣味。）我們鼻子裡的感覺細胞能把化學訊號（分子）轉換成電訊號（神經脈衝），從嗅覺神經上傳到腦部加以整合。由於是分子隨著空氣傳播而挑動了我們的嗅覺，理論上應當能為每一種氣味找到相對應的分子。硫化氫聞起來像腐臭的蛋，乙酸戊酯聞起來像香蕉……照這麼看來，要列出一份涵蓋所有氣味的清單會有多難？事實證明，難如登天。自然界的大多數芳香，少說都是由幾十種甚至數百種不同分子精心混成的香氣。

分析氣味的利器

在一九五五年以前，要對一杯咖啡散發的芬芳做完整的化學分析，一般科學可說是鞭長莫及的。咖啡含有大量的揮發性分子，光是萃取、分離與純化就要花上好幾年工夫。到了一九五〇年代中葉發明了氣相層析（gas chromatograph, GC），終於使芳香族混合物的快速分析化為可能，也帶動了氣味科學的革新。儘管氣相層析具有舉足輕重的地位，對技術不甚熟悉的大眾還是不太知道它是何方神聖。拿個有味道的東西，蘋果也好、牡蠣也罷，隨便什麼都行，把它丟進攪拌機打碎，用氣相層析儀跑一遍，便能將其揮發性成分轉化為具象的圖譜。

氣相層析儀的核心是螺旋狀的管路，狀似一種玩具「跳跳彈簧圈」（Slinky），由非常細的管子構成，若將它拉直，可長達十至三十公尺。第一步，將氣味樣本注入管路，管內塗布的高分子聚合物會吸收樣本。彈簧狀的管路設置於小型烤爐中，在為期兩分鐘至兩小時的分析程序裡，烤爐按照預訂的步驟加熱，視設定值而定；同一時間，一股氦氣由管路的一端通入，由另一端排出。溫度上升時，氣味分子被逼出高分子聚合物而進入氣流中，這個過程會井然有序地進行，每一種分子都在特定溫度下揮發出來並進入氣流，端視其分子量而定，然後從螺旋管路的末端湧出，湧現時間大約兩秒。每次湧現的物質會沿著時間軸顯現一個峰值，分子數量愈多，峰值愈大。單一化學物質構成的純樣本，比方說苯乙醇，會產生單一峰值；複雜的混合物如玫瑰精油，則會產生一連串高低不一的峰值，代表混合物中不同成分的含量多寡。

氣相層析可以產生具象的圖譜，鉅細靡遺地呈現出每一樣本的獨特性，因此常被比做指紋。不同之處在於指紋是靜態的，是身體最直截了當的標記，而氣相層析是動態的，它帶著複雜的氣味，在一定時間內將氣味的各個成分區分開來。調香師常把氣味比做音樂的和弦，如果這樣比喻，則氣相層析法把氣味演奏成一連串琶音。

等個別氣味湧出氣相層析儀後，還可以導入另一種稱為質譜儀（mass spectrometer, MS）的裝置。質譜儀具有可靠的分子鑑定能力，到了一九七〇年代中葉已有自動化的氣相層析質譜儀（GC/MS）問世，世界各地的實驗室也一窩蜂對天然物進行詳盡的化學分析。這對嗅覺科學家來說是好壞參半。把柳橙果肉丟進氣相層析質譜儀跑上一次，便得到一長串揮發性成分的清單。然而清單所列的所有成分都會散發氣味嗎？都對柳橙的整體香氣有貢獻嗎？我們要如何分辨呢？

早在氣相層析儀問世之初，化學家就曾經把排出的氣流拿來聞，看看能否靠鼻子認出其中的成分。有些揮發物如一氧化碳，人的鼻子是完全聞不出來的，否則每一個峰值都該對應一個確切的氣味才是。峰值的大小也不是可靠的氣味強度指標，一大根峰值可能沒帶多少氣味（表示這種分子的氣味不是太濃），一根小小的峰值也可能熏死人（這種分子便是強效氣味劑）。

美國康乃爾大學化學家艾克立（Terry Acree）率先採用所謂的氣相層析嗅覺測量法（gas chromatography-olfactory, GC-O），即取氣相層析儀的排氣來嗅聞，找出氣味與特定分子的關聯性。艾克立想出一種方式，將複雜樣本內每種化學物質的相對氣味強度以數字表示。他把「樣本中化學物質的濃度」除以「無任何輔助下聞到它所需的最小濃度」，這種氣味作用指數在一點零附近的分子，便位於可感受度的基準線上。倍數高的分子對整體氣味貢獻較多；反之，倍數低於一點零的分子則幾乎聞不出來，在整體成分中，充其量只是聊勝於無的雞肋。

屁為什麼是臭的？

也許有人希望充分了解浴室裡某些惡臭的化學性質。還有什麼臭氣如此關乎個人的基本感受？多年來，醫學系學生總是被灌輸糞便氣味的主要成分是臭糞素（skatole）與吲哚（indole），是消化過程中分解肉類蛋白質所產生的分子，臭得令人反胃。這種說法雖然從未經過化學分析直接證實，卻一直在教科書的版面占有一席之地。

一九八四年，大便終於邂逅了氣相層析法，美國鹽湖城的研究人員將一些屎丟進氣相層析儀裡分析，並嗅聞其結果。樣本中雖具有臭糞素與吲哚，對典型糞便味的貢獻卻相當少，關鍵角色反而是甲硫醇（methyl mercaptan）、二硫二甲烷（dimethyl disulfide）與三硫二甲烷（dimethyl trisulfide）這類含硫化合物。然而，儘管長年來的醫學常識戲劇性地大翻盤，腸胃病學界依舊不為所動。

終於在一九九八年，美國明尼亞波利市退伍軍人醫院（Veterans Administration Hospital in Minneapolis）的研究員開了下一槍，他們針對屁味進行精確的化學與嗅覺分析。他們的方法淺顯易懂：「為確認屁的產物，通常於研究當天及前一晚，在受測者飲食中追加菜豆二百公克。」排氣收集作業本身倒也不難，雖然細節教人頗難為情：「透過直腸管把屁收集起來……連接到不透氣的袋子。」等他們分析過一袋又一袋的屁之後，發現屁味的主角還是含硫分子，如硫化氫、甲硫醇與二甲硫（dimethyl sulfide）。

把經過豆子加持的屁味樣本收集起來，並比較了男女之間的差異，神勇的明尼蘇達州聞屁大隊便可以平息兩性之間存在已久的爭議。實驗數據證明，就同樣體積而論，女人放的屁比男人臭（男人都這麼說，這已經不是一天兩天的事了），因為男人排氣的體積大於女人，可是熏人的程度卻是男女不相上下。

這個團隊還測試過一種叫做「噗噗捕捉器」（Toot Trapper）的裝置作為研究的一部分，那是一種包著布料的發泡墊，鍍有活性碳；據廠商的說法，把這種墊子穿在褲子裡，可以吸收腸胃氣所含的異味。明尼亞波利的團隊運用麥拉板（Mylar）❶與銀色寬膠布，縫製了兩套防止排放臭屁的褲子，志願者把噗噗捕捉器穿進褲子裡，所收集到的屁確實比較不臭。（我覺得「噗噗捕捉器」這麼遜的商標，實在配不上這麼有用的產品。倘若我是行銷顧問公司，絕對幫它取個更響亮的稱號，好比說「雷霆戰士三〇〇〇」之類。）

我家寶貝的便便比較香？

許多文情並茂的育兒經，總離不開寶寶腦勺的氣味多麼美妙之類的話題。比較理性的觀察家注意到，新生兒簡直是個不可思議的氣味工廠。二〇〇一年，一群小兒科醫師發現，飲食會影響寶寶放的屁裡的化學組成（嚴格說來，他們是將糞便樣本置於體溫環境下四小時，再分析所產生的氣體）。喝母乳的寶寶所排出的氣體含有大量（無味的）氫氣，有臭味的甲硫醇含量很低。喝配方奶的新生兒則製造出大量硫化氫（臭雞蛋的氣味），另外還有大量甲烷。好消息是甲烷無臭無味，壞消息則為甲烷是全球暖化的元凶之一。

還有一種講法是這樣的：自家小寶貝的便便會比別人家小朋友的好聞。值得一提的是，經過嚴謹的科學檢證，這種講法是說得通的。一群媽媽把她們十四個月大的寶寶用過的髒尿片貢獻出來，放進厚紙板製的紙桶裡，再取一片匿名的十六個月大寶寶用過的尿片作為參考樣本。每位媽媽都要聞聞自己小朋友換下的尿片，再和參考樣本比較。如果捉對廝殺的紙桶上沒有任何標記，則別的寶寶（參考樣本）的尿片是比較臭的；如果紙桶上貼了標籤（例如一個是「小傑」，另一個是「別的寶寶」），並不會增加臭的感受，而把標籤對調，也不會減輕臭的感受。這表示媽媽們並沒有讓為人母的驕傲干擾了對氣味的判斷，她們確實認為其他小朋友的尿片比較臭。這項研究同時證明了一件事：有些感覺心理學家實在是吃飽太閒啦，連大便都可以作文章。

瘋大麻

有一種複雜的植物氣味，已經對各國造成極大的文化衝擊。美國伊利諾州前州長布拉哥耶維奇（Rod Blagojevich）❷在競選州長期間，把這個狀況形容得很貼切。他不否認自己曾吸過大麻，並表示「那是我們這一代的人都熟悉的氣味」，然後補上一句「我不喜歡那味兒」。相對之下，據傳美國普普藝術大師安迪．沃荷（Andy Warhol, 1928-1987）曾說過：「我認為應該讓大麻合法，我不抽大麻，但我喜歡它的味兒。」

我在奇華頓香精公司（Givaudan Roure）服務時，曾經有位平面設計師打電話給我，他當時幫一個知名搖滾樂團團員發行的單曲ＣＤ設計手冊。他想用一種聞起來類似大麻的墨水來印製

---

❶以聚酯樹脂製作而成的一種薄膜，「麥拉板」是商標名。

❷二〇〇八年歐巴馬當選美國總統後，他的伊利諾州參議員遺缺需由州長指派，但是州長布拉哥耶維奇於十二月遭到逮捕，他被指控在指派過程中涉嫌索賄。

手冊，因此詢問我的公司可否提供這樣的氣味。他的請求讓我陷入兩難，不過問題倒不在於技術上有何困難需要克服；我們公司的香味化學家拍胸脯保證，他調出的大麻味絕對包君滿意。（他還開門見山地說，要是能幫他弄到一些高品質的大麻樣品，就可以加速專案的進行。）決定的關鍵在於財務因素：銷售額是以賣出的香精重量以及售價和原料成本間的價差來衡量，這個案子預期銷售量不大，不值得調香師把時間花在上面。儘管如此，這項專案還是有一定的誘惑力。

能做出無大麻味的大麻嗎？

我愈想，心思就愈亂。有人可以不使用四氫大麻酚（δ-9-tetrahydrocannabinol, THC）這種會影響心神狀態的大麻成分，就能複製出大麻的氣味嗎？果真如此，持有大麻的人能否瞞過緝毒犬或輔導老師的檢查？我的公司要為此結果承擔法律責任嗎？

四氫大麻酚及類似的化學物質不具揮發性，因此不會發出氣味。假如化學家把四氫大麻酚從大麻中抽掉，便能使大麻既保有原味，又不會讓吸食的人忘了自己是誰，在迷幻藥中好比「無咖啡因咖啡」。

後來我聯絡上伍德弗博士（Dr. W. James Woodford），電話的另一頭是位操著美國南方口音的好好先生。他是香料化學家，也是率先發明毒品之仿真氣味（pseudoscent）的人。他的職業生涯初期在英國倫敦警察廳（New Scotland Yard）擔任特約客座研究員，期間接觸過大批走私古柯鹼的樣本。伍德弗知道純古柯鹼是一種無臭無味的植物鹼，但他在證物室裡嗅著樣本時，卻察覺到一股明顯的香氣。古柯鹼暴露在空氣與水氣中會發生化學降解，產生蜜餞般的甜甜氣味。這激起了伍德弗的科學好奇心，他循著這股氣味，追查到一種稱為苯甲酸甲酯（methyl benzoate）的分子。苯甲酸甲酯是在花香裡發現的，這種分子大量存在於金魚草與牽牛花，在夜來香與香水樹也有一些。苯甲酸甲酯向來是調香師必備的道具。

古柯鹼與其直接的化學前驅物及代謝物都是非法的。伍德弗設法利用苯甲酸甲酯和少許其他成分複製出古柯鹼的氣味，他所用的材料與古柯鹼並無化學關聯，因此完全合法。一九八一年，伍德弗為他的毒品仿真氣味配方申請專利，不久之後，政府當局便用它來訓練緝毒犬與毒品查緝人員。伍德弗大方地讓政府免費使用他的發明，他表示：「我沒有靠這玩意賺過一毛錢。」

其他人可沒這麼慷慨，而毒品仿真氣味很快便發展成一個完整的產業。例如化學藥品供應商西格瑪奧瑞奇（Sigma-Aldrich）所銷售的古柯鹼仿真麻醉氣味配方，每一百公克要價三七點二美元（折合新台幣約一千三百元）。該公司也販售麥角酸二乙醯胺（ＬＳＤ）❸的配方，還有另一種極似大麻的氣味。美國佛羅里達國際大學（Florida International University）的刑事化學家則創造了一種仿搖頭丸（Ecstasy）的氣味。

事實上，對受訓找出古柯鹼的緝毒犬來說，牠們認的是苯甲酸甲酯的氣味，而不是古柯鹼分子本身。這種替代效應也適用於以其他毒品為目標的緝毒犬。搖頭丸是因為其中的向日葵醛

❸ＬＳＤ是一種行之有年的迷幻藥，台灣俗稱「一粒沙」或「搖腳丸」。

（piperonal）發出櫻桃派的氣味而露出馬腳，甲基安非他命（methamphetamine）則因含有苯甲醛，具有櫻桃與杏仁的獨特氣味。因此，緝毒犬是發現了毒品沒錯，但其實應該正名為「嗅聞毒品相關氣味的狗」。

香水的氣味要是與大麻過於相近，顧客可是會坐立不安的，因為她們害怕引來緝毒犬和警察的關切。那麼，毒販如何利用這點來自我掩護呢？他們可能會把仿真氣味弄得整個機場都是，然後趁著緝毒犬和警方追查假線索而疲於奔命時，夾帶著走私品安然脫身。目前為止尚未發生這種事，但伍德弗意識到這種危險性，他說：「這是個潛在的禍害。」

大麻究竟是什麼味？

既然四氫大麻酚本身無臭無味，那麼大麻獨有的氣味又是來自何處？與大麻有關的天然物化學十分複雜，分析結果取決於所用的萃取手法，例如「頂部空間採集法」用來分析大麻樹自然散發的氣味，「蒸氣蒸餾法」則用來強制萃取其精油。大麻的任一部位都能分析到十八至六十八種揮發性化學物質，絕大多數皆為植物化學家所熟知；它們同屬一類分子，稱為萜烯（terpene），在許多種花香與精油都見得到，β—月桂油烯（β-myrcene）與檸檬油精（limonene）即為其中二例，存在於肉豆蔻、橙油、羅勒及大麻。當然，並非每一種揮發性化學物質都有氣味，即使是真的具有氣味的分子，數量也不見得多到足以被人類的鼻子偵測到。

要為大麻的氣味建立可信的化學概廓，就必須進行氣相層析嗅覺測量法分析。顯然尚未有人發表過大麻的這類分析，我們無法確知其特有氣味所含的要角究竟是哪些分子。網路上可以找到一些熱心的業餘科學家所做的感覺分析，所呈現的微妙差異就如紅酒的氣味一樣多元。有個聽起來頗具權威的「標準煙味報告」（Standard Smoke Report），要求癮君子使用氨水、土味、甘草和桃子等詞彙描述新鮮大麻葉及大麻菸。還有一篇回顧文章，描寫搖滾吉他手貝克（Jeff Beck）在美國加州開演唱會的情形，雖然有些矯情，倒也點出了演唱會上空漫天煙霧所含的幾種大麻菸味：「加州大麻獨具的香氣簡直棒呆了，絕妙融合了散發橙香的加州品種，有著酸甜及細膩的餘韻……」

一般大麻客真的能嗅出「加州大麻」與「超級阿富汗大麻」之間的差異嗎？我闔上眼，回想雷鬼樂手巴布·馬利（Bob Marley, 1945-1981）的演唱會，大麻的煙霧瀰漫現場的每一個角落，讓人很難看清他的身影；還有死之華樂團（The Grateful Dead）主唱傑利·賈西亞（Jerry Garcia, 1942-1995）在滿場大麻煙霧籠罩之下的演唱身影。不同品種有獨特的氣味嗎？當時還沒有，不過市場已然成形。毒品嗅聞鑑識專家伍德弗告訴我，美國東岸的產品聞起來經常「像薄荷一樣涼涼的」，西岸的則多半「臭臭的」。

獨特臭味助長癮頭

獨立調香師瓊斯（Harris Jones）曾接受一家製造香氛蠟燭的客戶之託，調製大麻的氣味。他將β—蒎烯（β-pinene）與檸檬油精納入配方，但要達到逼真的最終效果（或是他口中的「好味道」），瓊斯發現還欠缺一種臭味。他對臭鼬的分泌物做了研究，並調製出屬於他自己的臭鼬配方。他用這種配方製備百分之零點零一的溶液，以之在整體大麻氣味配方中占了百分之零點五。客戶愛死這種氣味了，不過瓊斯轉念一想，萬一他把大麻的氣味詮釋得過於精準而引起緝毒犬的注意，或惹惱家有青少年的父母，便可能吃上千奇百怪的官司，他終究還是踩了煞車。

臭鼬的餘味所提供的逼真感，或許能解釋一九七〇年代有些加拿大心理學家匪夷所思的發現。他們摸索著用刺激性氣味作為戒除大麻的手段，於是把頭髮切得粉碎，加入大麻菸中；一旦點燃這些大麻菸，就會產生極度難聞的氣味。他們找來一些志願受測者，受測者先在實驗室中抽普通的大麻菸，等他們抽到飄飄然之後，再把動過手腳的大麻菸捲拿給他們抽。結果與預期情況背道而馳，吸了這些臭菸草反而大大增加志願者的快感，頭髮燃燒的臭味非但沒有壞了他們的興頭，反而助長快感。

大麻氣味上得了檯面嗎？

大麻菸那略具甜味的詭異氣味一如廣藿香油（patchouli oil）❹，充斥著各種社會觀感；廣藿香油和大麻一樣，都是反文化的表徵，嘻皮人士一度用廣藿香來掩蓋大麻菸的氣味。不過，廣藿香已成為消費性產品備受歡迎的香精成分，大麻氣味的香調在市場上卻仍罕見。現在是將大麻氣味與品牌結合的時機了嗎？

意欲重新包裝大麻的商品，成果又如何呢？做成大麻葉形狀的汽車空氣芳香劑，聞起來像噁心的堆肥。美國熱門影集《辣媽毒梟》（*Weeds*）為二〇〇六年檔期暖身時，有線電視台在《滾石》（*Rolling Stone*）雜誌刊登加味廣告，那氣味就和「爽一下吧」這樣的副標題一樣粗俗；那氣味是割草機上的草屑、盆栽土與側柏味刮鬍膏（窮人用的廣藿香）的綜合體，有線電視產業專家則拐彎抹角地稱之為「喚起某件事的特殊草香」。

接著，法國酩悅軒尼詩—路易威登（LVMH）集團旗下的香氛公司「Fresh」推出「大麻檀香」（Cannabis Santal）香水：「廣藿香、印度大麻與玫瑰的禁忌調和，性感的香氛牢牢抓住男性的原始精力及慾望。」我在美國紐約曼哈頓下城區春天街（Spring Street）上超酷的Fresh精品店前停下腳步，望著那廣告詞，便走進去試噴看看。櫃檯有位酷似義大利性感男模法比歐（Fabio）的店員，將香水成分準確無比地背誦一次，令我大感佩服；美中不足的是，他用香水噴灑聞香紙時搞錯了方向（嘿，這位帥哥，如果你剛好也在讀這本書，我還是提醒一下，供你日後參考：你應該把聞香紙較寬的那端拿在手上，然後把香水噴在尖細的那端才對）。大麻檀香水的香氣十分宜人，帶有廣藿香的香調，卻不像真的大麻需要透過菸斗抽進肺裡。最後，這些商業促銷活動頂多只敢對消費者使個眼色，說說「讓你更有味道」這種程度吧！

❹低劑量的廣藿香油具有極佳的鎮靜效果，但高劑量會呈現刺激性味道，許多人聞之生厭。

瓶中的氣味景致

擁有「美國國家公園之父」稱號的繆爾（John Muir, 1838-1914），曾在美國加州的羽河（Feather River）上游經歷過嗅覺上福至心靈的體驗。短短幾分鐘，內華達山脈丘陵地豐富的氣味景致直衝著他席捲而來。

> 空氣伴著芳香流動，不是東一陣西一陣飄來，而是均等地在風中整個漫開。松樹林總是這麼香，但以春天松針冒出枝頭，還有溫暖天氣下松脂和松香油被豔陽軟化的時期為最。現在，風刮落了針葉，一陣溫暖的雨落下，將針葉浸沒。松樹林間陽光普照的空地長了一大片石薺苧（*Monardella*）；林間的窪地遍布泥塘，石南則長在斜坡上；玫瑰色的地薔薇（*Chamaebatia*）覆滿地面，葉子散發著香氣。這些都混合著松脂與松香油，在風可及的範圍內，形成了當地主要的芳香之泉。

繆爾的「芳香之泉」這個比喻用得很妙，然而他也提到生硬的植物學名，讓我們渴望聽到更迷人的描述。就拿「一大片石薺苧」來說，它們聞起來像什麼？石薺苧屬於薄荷科植物，從繆爾所在的地點看來，他可能是指草原狼薄荷（coyote mint, *M. villosa*）或胡薄荷（pennyroyal, *M. odoratissima*）。我曾經徒步走過一段覆滿加州胡薄荷的路，被我踩爛的葉子散發出清新的薄荷香，從鞋底直往我肺裡衝。

又如，繆爾描述「玫瑰色的地薔薇……葉子散發著香氣」，會讓人以為是宜人的花香，但這話離真相還有段差距。地薔薇是薔薇科植物，不過他聞到的植物（小葉地薔薇，*C. foliolosa*）為加州特有種，其葉色墨綠且布滿絨毛，帶有黏黏的樹脂，開小白花。加州的米沃克（Miwok）印第安人稱其為 kit-kit-dizze，而白人移民稱之為「內華達山脈的災難」或「熊苜蓿」，反映出這種植物無所不入的強烈氣味，類似煮熟的朝鮮薊，又像沖淡的貓尿。內華達山脈燠熱的日子裡，這種霉臭味如潮水般湧現並籠罩大地，從繆爾聞到氣味的羽河畔，經過太浩湖（Lake Tahoe），南下優勝美地，一路蔓延到圖列爾郡（Tulare County）南方的丘陵地。

但願繆爾寫下的文字能像他栩栩如生描述的景象般散發出陣陣芬芳。他喚醒了我們的好奇心，卻無法讓我們滿足。我們想要聞聞看，想從那流瀉不止的芳香之泉舀一杯芬芳。為何沒有人能使繆爾在羽河畔的那個午後重現在我們面前呢？

重現大自然氣味

幾乎整個人類歷史中，「捕捉天然氣味」的代名詞不外乎「採收」與「萃取」，人們把成堆的花瓣與一桶桶樹脂收集起來，藉著加熱或加入溶劑搾取精油。這種處理手法相當粗糙，得到的產物本身或許很棒，但畢竟與原味差得太遠而失真。近年來，化學技術悄悄展開一場寧靜革命，除了幫我們了解氣味的組成成分，更改變我們捕捉氣味的方式。

一九七〇年代中葉，氣相層析質譜儀技術已經非常靈敏，分析時所需樣本僅十至五十微克（一微克等於百萬分之一公克），這麼低的量簡直不可思議。套一句曾與我共事的瑞士香料化學家凱薩（Roman Kaiser）所說的：「這約莫為一朵香味溫和的花朵連續一個小時所釋放的量。」凱薩與其他幾位專家開發出非破壞性的採集氣味方法，他們從樣本周遭的空氣（即「頂部空間」）取樣，無論是取樣藤蔓上的小花或枝枒上的果子，這種方法都不會擾亂氣味的源頭；他們只是在氣味源頭的周圍擺上玻璃罩，使用電動幫浦，透過分子「捕集器」（一根管子內充滿多孔性聚合物，用來吸收氣味）來吸取頂部空間的空氣。接著將捕集器保存好，稍後帶回實驗室，注入氣相層析質譜儀內。

頂部空間捕集法可以分析氣味產生時的自然狀態，也就是授粉者（通常是蜜蜂、蝙蝠與蝴蝶）感受到的狀態。調香師依此分析鮮花的氣味成分，便能回工作室調出更逼真的香味，這是把花瓣碾碎、取其精油分析所不及之處。有些檢體極其稀有，過去無法用傳統萃取方式取得足夠的量，現在都已不成問題。（凱薩身為頂部空間分析法的先驅，也運用這種方法研究有滅絕之虞的雨林物種所產生的氣味並保存之。）這種方法還有眾多可能的用途，例如成熟草莓的氣味每一刻都在改變，用這種方法可以追蹤其變化；又如夜間綻放的沙漠花卉，從黃昏到黎明散發的香氣不盡相同，用這種方法也可以追蹤其間的差異。

營造詩意情境的化學家

在追查地薔薇的臭味本質時，我決定尋求凱薩的支援。二〇〇六年七月一次露營結束之際，我在內華達山脈索諾拉隘口（Sonora Pass）以西數公里處的路旁採了幾株地薔薇，我將它們塞進夾鏈袋中封好，存放於小冰桶保鮮，便驅車南下柏克萊，在快遞公司海運收件截止前一刻及時趕到。排隊等候期間，我瞄到一塊告示牌上列著國際海運的限制規定，赫見植物材料也在禁運項目之列。該死！我要如何趁這玩意還新鮮時送到凱薩手中呢？我走上前去，把那袋長滿葉子的可疑綠色植物放到櫃檯上，深吸一口氣，接著說：「我想把這個送到瑞士。」承辦人員問：「你想寄什麼？」我脹紅著臉說：「那是……科學研究用的樣本。」快遞公司經理透過眼鏡上緣打量我；他會送我個白眼嗎？「好吧！那麼，你把這張國際快遞的標籤紙填一填吧。」呼！感謝這位好心的柏克萊老先生放我一馬。

三天後，那些地薔薇已經躺在凱薩位於瑞士蘇黎世近郊杜班朵夫鎮（Dübendorf）的實驗室裡散發臭氣了。他一如往常露一手氣相層析魔法，很快就掌握了約四十多種分子；那可是α－蒎烯、β－蒎烯等萜烯，以及更多臭氣的大雜燴。凱薩有一套龐大的香氣分子資料庫，他能從中找到那些氣味成分的大多數，少數其他分子則需藉質譜儀之助，得花上幾個月才能完全鑑定出來，而這些謎樣的分子中，沒有一種聞起來像地薔薇。令人驚訝的是，有一種分子的數量少得可憐（只有百分之零點零一），但地薔薇那股朝鮮薊煮熟似的氣味，百分之九十五以上都是這種分子的傑作。繆爾心中浮現的內華達山脈丘陵氣味景致，其核心原來是「一—己烯—三—酮」。

己烯酮（hexenone）已被點名為發酵乳、乳酪與奶油的關鍵氣味，同時也在菩提樹花蜜與新鮮覆盆子的氣味中扮演要角。這告訴我們，儘管一堆龐雜的揮發性分子足以列成一份又臭又長的清單，聞起來卻可能單純得多，說不定只消一種化學物質就主宰了全部的香氣。我學到的另一課則是：物質的多寡與氣味感並沒有絕對的關聯；在這個例子裡，來自一種植物的單一種分子，造就了整個生態系的背景氣味。最後，這個例子還告訴我們，只要一位才氣縱橫的香料化學家，便能發現營造出繆爾口中內華達山脈那詩意情境的單一種分子。

大自然氣味俯拾皆是

單從一株奇花異草的淡淡幽香，只消一個步驟，就能捕捉完整的氣味景致。沒有人比美國詩人惠特曼（Walt Whitman, 1819-1892）更傳神地抓住美國氣味景致的壯闊。

我帶給你的，既非異邦詩人的奇想，
亦非受用已久的恭維之詞，
非詩韻，非名著，非異國宮廷或室內藏書閣的熏香，
我帶來的是一種氣味，來自緬因的松木林，或伊利諾大草原的芳香，
伴著維吉尼亞或喬治亞或田納西的遼闊景致，

或來自德州高地，或佛羅里達的林地……

——惠特曼，《草葉集》

無論是松木林或大草原、海岸或河口，周遭環境的精華俯拾即是，要把它帶回家，只需要一具幫浦與一個捕集器就夠了。要將它重現沒那麼容易，那是財力與決心的問題，但絕對在我們的技術可及範圍之內。我們可以重製出草原狼薄荷、胡薄荷與地薔薇的氣味，你可以將它們噴在家中客廳或辦公室裡。透過你的鼻子，一面聽著繆爾的羽河午後風情或惠特曼的美國戶外詠嘆，一面想像那些氣味緩緩擴散開來的情境吧。你想聞聞什麼呢？以我個人來說，我會把票投給美國加州雷斯岬（Point Reyes）的海風，以及大瑟爾（Big Sur）❺的杉林。

蝴蝶氣味萬千

俄裔美籍小說家兼蝴蝶專家納博可夫（Vladimir Nabokov, 1899-1977）在一九四七年所著的回憶錄《說吧，記憶》（*Speak, Memory*），描述一趟夏日採蝶之旅的某一刻：

我不顧前臂與頸部叮滿了蚊子，俯身掐住一隻帶有銀斑的蝴蝶。看牠在網中顫動，我發出

❺大瑟爾位於美國加州中部，包含太平洋沿岸一百六十公里長的崎嶇美麗海濱，以及樹木蓊鬱的溫帶森林。

喜悅的咕噥聲。在四周沼澤的氣味中，我聞到沾在指間的蝶翼微香。不同品種的蝴蝶有不同的香氣，有香草香、檸檬香、麝香，還有一種帶有霉味又難以形容的甜香。

有香味的蝴蝶並不稀奇，綠紋白蝶（Green-veined White）即為一例，牠們的蹤跡遍及歐洲大陸與美國部分地區，美國人稱之為芥菜粉蝶。對英國鱗翅類昆蟲學家隆史塔夫（George Longstaff）來說，這種蝴蝶的氣味「濃烈獨特」，類似檸檬馬鞭草（lemon verbena）。一九一二年他寫道：「至今沒多少人真正熟悉綠紋白蝶的氣味，這讓我很難理解。一九一〇年的布魯塞爾會議期間，我在剛果博物館（Congo Museum）❻美麗的花園捉了一隻雄性芥菜粉蝶，我讓在場的五、六位昆蟲學家嗅聞牠的氣味，雖然當中不乏出眾的觀察家，在此之前卻沒有一位先生聞過那氣味。」過去數百年來，這種狀況並沒有太大改變。就這點而言，當今的野外圖鑑沒有一本提到綠紋白蝶或任何一種蝴蝶有香味；那一票裝模作樣的傢伙「透過望遠鏡賞蝶」，卻沒有實際接觸真正的昆蟲。其實洛磯山脈多的是芥菜粉蝶，你不必像納博可夫一樣辛苦。走上前去，自己捉一隻吧，聞一下，然後放牠自由。

有人從隆史塔夫的野外觀察筆記中發現，蝴蝶氣味的範圍廣得驚人，有的味似糖果（如香草味、巧克力味、焦糖味），有的像花香（小蒼蘭、茉莉花、香紫草、芒果花、忍冬、香葉薔薇），還有的像草藥與香料（肉桂、檸檬馬鞭草、鳶尾根、檀香、麝香）。隆史塔夫也發現不少難聞的氣味，有的令人聯想到蟑螂、麝田鼠（muskrat），還有其他像是臭酸的奶油、酪酸、醋、乙炔、發霉的稻草、牛糞、馬廄、馬尿和氨水。

我們現在知道，在綠紋白蝶帶有檸檬香的體味中，含有α－蒎烯、β－蒎烯、月桂油烯、檸檬烯、沉香醇（linalool）、對異丙基甲苯（p-cymene）、橙花醛（neral）與檸檬醛（citral）。（前五種成分也出現在大麻精油中。會影響心神的大麻類植物幹嘛和蝴蝶弄出一個樣的氣味呢？大自然真是又妙又怪呢。）

雄性的綠紋白蝶還具有另外的氣味，以備某些特定場合之用。那種氣味是水楊酸甲酯（methyl salicylate），很容易在冬青樹（或是治療胃潰瘍的藥物 Pepto-Bismol）發現；雄蝶以之作為抑制性慾的工具，交配時把這種氣味轉移到雌蝶身上，便能阻止其他雄蝶找上同一隻雌蝶交配。相近種類的蝴蝶各有一套澆熄競爭者慾火的策略，像是紋白蝶（Small White）用的是水楊酸甲酯與吲哚的混合，大紋白蝶（Large White）則是用苯乙腈（benzyl cyanide）。

這些化學反制手段也可能玩火自焚，例如大紋白蝶用來壓制性慾的氣味會吸引不速之客的注意，那是一種微小的寄生胡蜂，叫做甘藍夜蛾赤眼蜂（Trichogramma brassicae）。雌性大紋白蝶剛沾上雄蝶的氣味時，雌蜂一聞到就會爬上身牢牢附著。蝴蝶產卵時，胡蜂便把自己的卵產在蝶卵內寄生，好讓孵化的小胡蜂吃蝶卵維生。最後，大紋白蝶爸爸為了不讓自己傳宗接代的心血付諸流水，只好除掉被胡蜂寄生的卵，連帶犧牲了一部分未被寄生的卵。

❻正式名稱為比利時皇家中非博物館（The Royal Museum for Central Africa），位於布魯塞爾近郊。

植物氣味耍的手段

天然植物的氣味具有柔焦、愛與和平的意味，聞了無毒也無害，是大地之母蓋婭賜給全球各地芳香治療師的大禮。實際上，它們是生物的通訊系統，是植物與動物彼此對談的方法，也因此成了詐術與背叛的手段。氣味一旦用來當做一種訊號，就會有其他生物把它變成圖利自己的工具。（去問問大紋白蝶媽媽，她背上有寄生胡蜂的感受如何？）

地中海沿岸地區有一種植物，人稱死馬海芋（dead-horse arum），可以偽造出腐肉的惡臭，吸引那些尋覓腐屍作為產卵溫床的綠頭蒼蠅。綠頭蒼蠅就這樣被騙去免費幫死馬海芋授粉，牠們毛茸茸的腿上沾滿花粉，穿梭在臭氣熏天的植物之間。有人將這種植物封為「利用昆蟲達成傳粉目的之演化詭計的突出範例」。

還有其他更陰險的例子，說它們是邪門歪道也不為過。有一種澳洲蘭花會釋放出一種稱為「二—乙基—五—丙基環己烷—一，三—二酮」的氣味分子，恰與雌性的膨腹土蜂（*Neozeleboria cryptoides*）製造的性引誘劑完全相同。當蘭花聯合放出氣味時，一場由氣味所營造的性愛騙局於焉上演，倒楣的雄蜂試圖找蘭花交配。最後，蘭花達到了傳粉的目的，雄蜂則搞得精疲力盡。「性」與「利用」永遠只有一線之隔。

在自然界裡，氣味也具有防禦效果。芳香治療師將精油奉為療癒病痛的萬靈丹，而在植物與其掠食者之間的攻防戰中，精油其實是一種武器。以橙樹為例，它貢獻了三種用於香水的不同物質：橙花油（neroli oil）取自其花、橙皮油（orange peel oil）取自其果、苦橙葉油（pettigrain）取自其葉。橙樹產生這些精油，可不是為了給調香師方便；花朵飄香用來吸引授粉生物，果實香甜則用來吸引播種生物，而葉子受到食草動物啃食之際，會立刻釋放出揮發性芳香族化合物，讓攻擊者（比方說毛毛蟲）倒盡胃口、甚至中毒，同時昭告毛毛蟲的捕食者（例如胡蜂）說有東西可吃了。對芳香治療師而言，橙樹是充滿療癒精油的寶庫；在毛蟲看來，橙樹則有如戒備森嚴的軍火庫，一不小心就會觸動警報器或踩中詭雷。

我讀大學的時候，曾在加州大學柏克萊分校西大門的尤加利樹林附近住過一陣子。下課返家途中，我總愛穿越那芳香的林蔭。對我來說，樹木所散發的清新澀味如同偶然籠罩林間的霧氣，同為舊金山灣區之美的重要元素。回憶當時，我只是單純地滿足於那氣味景致，而我現在依舊如此。但如今我也會從另一種角度觀察，將其視為生物戰中揮之不去的煙霧。飄蕩在西大門附近的香氣分子當中，以桉樹油（eucalyptol）為主，這種物質會驅走吃樹葉的蟲子，並抑制競爭樹種的種子生長。

大自然的氣味網

巴西南部的瓜拉奎卡巴（Guaraqueçaba）附近有一片殘存的雨林，直到最近仍覆滿了該國大西洋沿岸近七千五百公里長的海岸線。有一年春天，凱薩在那兒尋找一種不尋常的氣味時，發現森林裡瀰漫一股濃濃的花果香。他循著那股氣味找到一棵樹，樹上開著狀似洗瓶刷的白花。再朝樹走近些，便覺得有茶藨子的氣味；直接湊近花朵一聞，那氣味卻似貓尿。經由化學分析，凱薩追溯查出兩種氣味的源頭都是同一種分子，即四－氫硫基－四－甲基戊酮－二（4-mercapto-4-methylpentan-2-one, MMP，許多分子的氣味特徵取決於空氣中的濃度，這就是其中之一）。

對大多數人來說，只要知道這是一種在異國發現的奇特分子，他們就滿足了。但凱薩可不是一般人，他兼有化學家的頭腦和調香師的心胸，所聞過的氣相層析樣本之多，當今世上恐無人能出其右。對他來說，MMP並不是什麼重大突破，不過它是一大片聯通網中的一個節點，跟著這個分子穿梭網中，你會發現自己正在周遊列國。在日本抹茶、葡萄柚、紫蘇葉、番茄葉、黃楊、卡本內蘇維翁葡萄酒與黃牡丹（西藏芍藥）的香氣中，MMP都具有舉足輕重的角色。這純屬巧合嗎？難道四－氫硫基－四－甲基戊酮－二是一條指向大自然秘密模式的線索？

自從氣相層析嗅覺測量法於一九八〇年代問世以來，不管是番茄醬還是香菜、燉牛肉或嬰兒的屁，化學家都分析過了。他們在每種材料中都發現許多揮發性分子，但只有少數才是其特徵氣味的始作俑者。科學期刊充斥著這類研究論文，全都相互引用參照。試想，若以數位方式將這些資訊組織起來，並能隨意順暢地存取，就像美國影集《二十四小時反恐任務》的克蘿（Chloe）想到為傑克鮑爾（Jack Bauer）建立圖表的那一幕，那會是什麼光景？可能每種天然材料都有專屬網頁，羅列出關鍵的氣味因子，而我們可以隨心所欲地透過超連結，點進任何一種分子與材料的介紹頁。

舉例來說，我們以法國布列塔尼沿岸所採生蠔的首頁為出發點，生蠔含有一—辛烯—三—酮，這種物質會產生蕈類與柑橘的風味，愛吃生蠔的老饕們完全無法抗拒。在一—辛烯—三—酮上面點一下，你會發現自己進了摩洛哥沙丁魚的首頁，因為沙丁魚冰鎮兩、三天後，也會釋放出這種分子。瀏覽沙丁魚的頁面，你會發現新鮮沙丁魚具有宜人的海藻香，有一部分是源於（*E*，*Z*）—二，六—壬二烯醛，點選這個分子後，又回到布列塔尼生蠔的首頁了。怎麼會這樣呢？因為（*E*，*Z*）—二，六—壬二烯醛也是生蠔的特徵氣味分子。

讓我們再玩一次。這次我們從二甲硫出發，這是生蠔的另一個關鍵氣味因子，而在番茄醬、餿掉的冷凍雞肉、菜豆下肚後所放的屁中，也都看得到它的身影。跳到餿雞肉的頁面，點選甲硫醇，這會把你帶回屁的頁面，或進入糞便與炸薯條的頁面。從糞便的頁面可以轉進三硫二甲烷，接著連到亞洲魚露與格烏查曼尼（Gewürztraminer）白酒的頁面。格烏查曼尼葡萄的特有氣味還有另一關鍵因子，即順式玫瑰醚（cis-rose oxide），循著順式玫瑰醚的連結，你會知道這種分子與新鮮荔枝散發的花香脫不了干係。進入荔枝的首頁，會發現另一個濃烈的氣味叫做一—辛烯—三—醇，在它上頭點一下，你又進入布列塔尼生蠔的首頁了。怎麼會這樣？因為一—辛烯—三—醇讓生蠔與荔枝都帶有土味。

這樣的超連結從生蠔到餿雞肉，經過糞便、格烏查曼尼白酒到荔枝，又回到原點，其中可有什麼深奧的意義？我倒不認為。這充其量就是分子世界的「連鎖信」罷了，寄來寄去，總有一天會回到自己手上。四—氫硫基—四—甲基戊酮—二這張嗅覺大網把日本抹茶和芍藥連起來，其實不是什麼大不了的事。特定的氣味分子屢屢現身；大自然是很精打細算的，把同樣的分子以不同的方式使用在不同的生物體中。

建立氣味的模型

到一九七四年為止，人們已經從食物中鑑定出大約二千六百種揮發性物質，到了一九九七年，估計數目已擴大到八千種，而且有人預言最終將攀升到一萬種。這些都不是小數目，而假如我們把非食物品項如黏膠、臭襪子、轎車後座底下乾掉結塊的嘔吐物所含的揮發性物質也算進去的話，數目甚至更大。如果把所有東西都加上去，那數目是很恐怖的。涉及可能出現的氣味時，大自然的恩典似乎是無窮盡。

對嗅覺而言，各種各樣的分子代表著什麼？如果關鍵的氣味成分老是那幾種同樣的化學物質，自然界其餘眾多化學物質對人類的鼻子有何影響？有一派說法是，我們察覺不到其中大多數的物質；一如我們看報紙時會讀大標題，卻不見得一字不漏讀完所有內容。感覺分析領域也證實，從特定氣味源進入鼻子的化學物質中，只有一小部分會使我們對其氣味產生不同的感受。例如，大多數食物經由化學分析測到的揮發性物質中，只有少數是以鼻子能感受到的濃度存在。舉例來說，番茄所含的四百餘種揮發性物質當中，達到人類感覺門檻的只有十六種。有專家指出，食物的揮發性物質對氣味有貢獻者還不到百分之五。或許氣味成分不如想像中的多。

運用所謂的氣味模型（aroma model），我們能夠更深入了解這點。例如要建立炸薯條的氣味模型，科學家利用氣相層析質譜儀跑一批樣本，產生一份關於所有揮發性物質的完整清單。他們的目的是盡可能用最少種的揮發性物質，調配出幾可亂真的炸薯條味。一開始先選用濃度高出我們感覺門檻甚多的氣味成分，那些成分混合起來若與原味不吻合，就退而求其次，把剛達門檻甚至還不到門檻的成分也選進來。只要混合出來的氣味相當近似真正的氣味，就要接受進一步檢驗，方法是將氣味成分一一從配方中拿掉，倘若拿掉後的氣味聞起來較不逼真，就把拿掉的成分再加回去；如果拿掉之後沒什麼差別，便將該成分捨棄。如此一來，最後得到的就是最精簡的氣味模型，也就是去蕪存菁的配方，用鼻子聞起來和真的氣味沒兩樣。例如，正宗炸薯條的氣味可由十九種成分構成，包括微量的甲硫醇，少了這臭臭的玩意兒，那配方就少了「熟馬鈴薯味」這個不可或缺的特徵。

除此之外，瑞士乾酪、法國卡門培爾乳酪（Camembert）、紫蘇、橄欖油及法國麵包的氣味模型也已建立。這些去蕪存菁後的配方都指向同一個結論：大多數揮發性物質並不會讓食物增添氣味。只要一、二十種成分就能複製出真假莫辨的氣味，最經典的例子就是咖啡。化學家分析咖啡的香氣已經超過一百年，而且已經發現了八百種不同的分子。德國科學家運用氣味模型發現，以中度烘培的阿拉比卡咖啡來說，含量較高的分子不過二十七種；而他們只用其中的十六種，就可建立出極為逼真的模型。

似簡實繁的氣味模型

氣味模型的感覺邏輯可以延伸至非食物領域，或許還能應用於環境議題。例如飼養家畜會製造髒亂、產生惡臭，可能造成左鄰右舍的困擾。美國愛荷華州典型的養豬場含有超過三百種揮發性物質，這麼說來，附近的居民不就慘了？不過近年來研究發現，百分之八十五的豬味都是由四種分子所產生，其中之一是對甲酚（para cresol），其本身的氣味即相當近似於整個養豬場。有了這項發現，便可把原本難以收拾的氣味難題變成一項可以掌握的計畫；養豬場主人不需要逐一追蹤三百種化學物質，只要管控好少數特徵明確的分子即可。只要設定精準的感覺目標，則以更低的成本就能創造更大的利潤。

氣味模型（說穿了就是走極簡路線的冒牌貨）的成功，讓我們對大自然的豐饒有了全新的看法：用少數分子就可以製造出逼真的氣味，而且不同的氣味也再三出現同樣的分子。如果再怎麼轉也轉不出那極少數分子的手掌心，大自然的化學豐饒度真的值得我們另眼相看嗎？而要是鼻子聞不出來的物質遠多於聞得到的，我們的感覺能力會不會太遜了？

催生出氣相層析嗅覺測量法的美國康乃爾大學科學家艾克立，則認為應讓數字來說話。他遍尋數百篇食物氣味相關研究，列出濃度足以讓我們聞出來的揮發性物質。第一版列表於一九九七年發表在氣味網（FlavorNet）網站上，其中包含三百種化學物質，目前則已登載了大約八百種。艾克立預期這份名單至多不會超過一千種，換句話說，以不到一千種我們聞得出的化學物質，便能建立自然界的所有氣味。那麼其他好幾千種揮發性物質是幹什麼吃的？它們也許在不知不覺中發揮潤飾的作用，使氣味產生些微的差異並具有複雜度。艾克立推測，許多揮發性物質是專為人類以外的生物而存在的；自然界的氣味大多是植物與動物透過化學物質所進行的對話，人類僅僅偷聽到一小部分而已。我們看不見蝶翼或花瓣上的某些特定圖案，是由於我們看不見紫外光的緣故；同理，哺乳動物的鼻子也接收不到某些特定的嗅覺波段。

我童年的嗅覺回憶竟可濃縮簡化成類似一套袖珍型化學教具，怎麼想都覺得奇怪。在美國加州戴維斯市，番茄園與罐頭工廠燉煮的番茄醬如此強烈地喚起我的兒時回憶，難道也只是十六種關鍵氣味成分的特定排列組合而已嗎？事實顯然如此。知識帶來洞察力。現在，我從分子層面的細節了解到，小學那次煉糖廠校外教學為何令我大失所望了：甜菜根化身為潔白無瑕的白砂糖之前，會先釋放出土臭素（geosmin，具有土霉味）與二硫二甲烷（具有洋蔥和包心菜腐爛的臭味），接著是丙酸（具有瑞士乾酪與汗水中濃重的臭油味），最後是己烯酸（具有霉味與油脂味）。這四種氣味成分，在我小學三年級的幼小心靈留下了難以抹滅的陰影。不知怎地，知道真相之後，我感覺好多了。

第三章

嗅覺天才與怪胎

唐・喬望尼：噓！我嗅到有女子的氣息！
雷波雷洛：好厲害的鼻子啊！
唐・喬望尼：而且是美女呢。

——莫札特，歌劇《唐・喬望尼》

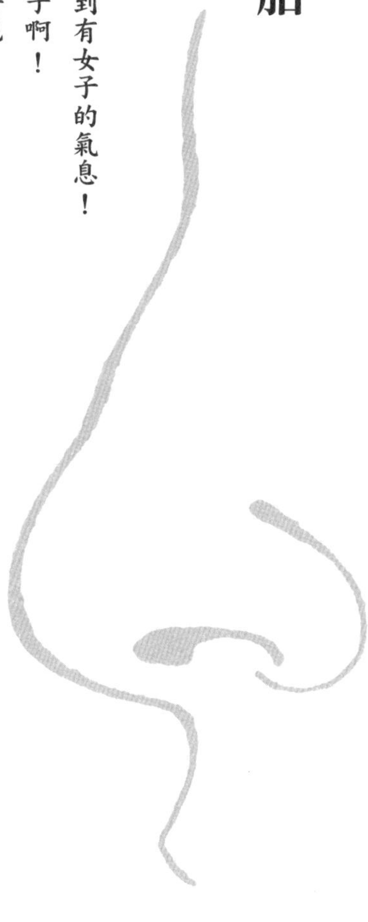

隨便挑幾十個人來觀察，你會發現人們的嗅覺天分良莠不齊，有如《超級星光大道》這類選秀節目的參賽者，有人在初選就被淘汰了，有人的表現則優異得教人難以置信。有些人行經臭氣沖天的垃圾桶和地鐵排氣口也若無其事，有些人卻連一絲若有似無的屁味都會窒息。嗅覺靈敏度（按照字面的意思，就是一個人能察覺到氣味的最低濃度）不過是嗅覺天分的其中一面而已，其他因子還包括對氣味的認知、辨識氣味的能力，以及從眾多氣味區別出特定氣味的能力。氣味感知的特點是變異性極高，感覺科學家也已鑑定出許多相關因子。誰有一個好鼻子？誰的鼻子不靈光？我們現在已經有能力回答這個基本的問題。

你的鼻子靈光嗎？

要說在前頭的是，人類對於自身能力的判斷並不準確。當我們找人填寫《國家地理雜誌》的嗅覺調查問卷，請他們對自己的嗅覺進行自我評量時，我們發現了一種「烏比岡湖效應」（Lake Wobegon effect）❶，即大多數人的分數都高於平均水準。客觀評估一個人能力的唯一手段是「嗅覺檢測」，嗅覺檢測又分兩種，一為鑑別力檢測，二為感知門檻檢測；前者要求受測者答出氣味的名稱，後者則一面讓受測者感受氣味，一面逐漸減低濃度。嗅覺檢測已經問世多年，但直到二〇〇六年才獲美國食品及藥物管理局正式認定為醫療手段；這也許能說明，這種醫生的診斷利器為何尚未獲得充分運用。

檢測方式一應俱全，有單次嗅聞測試，適於在診間試驗期間快速篩選，也有在實驗室以大量氣味所實行的複雜測試，一次得花上數小時。「嗅覺正常」的定義，通常是指受測者能正確辨別出一定比例的氣味樣本，或是可在一氣味應該能夠聞到的極稀濃度確切聞出氣味。嗅覺檢測有個奇怪的特色：測試的最高分叫做「正常」，分級中完全沒有「特優」這個等級，也沒有相當於「天才」的同義詞。事實上在正規的醫學術語中，用來形容「嗅覺天才」的詞彙連一個也沒有。

嗅覺怎麼不見了？

由於嗅覺檢測的設計初衷是用來鑑定鼻子不靈光的人，因此在低分區的刻度劃分得相當仔細。等級最低的一端是完全無法聞到任何東西的人，他們受「嗅覺缺失」（anosmia）所苦，代表嗅覺完全喪失。往上一級是患有「嗅覺減退」（hyposmia），這就好比重聽，如同耳聾有輕度與重度之分。據估計，美國約有百分之一至二的人口飽受嗅覺缺失或嗅覺減退所苦。無論是嗅覺缺失還是嗅覺減退，最常見的起因顯然是傳染病。重感冒、流感與鼻竇炎都會使組織腫大導致鼻塞，並殺死感覺神經細胞。如果病況嚴重或是經年累月地受損，則原先布滿神經細胞的區域會被無知覺的黏膜取代，而該組織看起來就像蟲子啃過一樣。

頭部傷害是嗅覺喪失的第二大主因。我們的嗅覺神經纖維會穿過眼睛後方與耳朵之間，從顱骨底部的小洞連到腦部，而重擊頭部可能會使嗅覺神經纖維斷裂。很久以前曾聽人說過一個故事（可能是真人真事），大意是有位服務生在送餐時，將一盤食物端得與頭齊高，當他走出廚房之際，冷不防撞了門一下，前額於是被餐盤猛然敲了一記。他很敬業地維持平衡，繼續完成送餐的任務，等他把一碟佳餚送上餐桌，赫然發現自己居然聞不出任何一道餐點的氣味；不一會兒，這

❶此語出自美國連續廣播劇《大家來我家》（*A Prairie Home Companion*），烏比岡湖是劇中虛構的小鎮，鎮上所有孩子的課業表現都優於平均值，因此「烏比岡湖效應」引申為人們傾向認為自己的能力優於其他人。

位服務生就發現他喪失了嗅覺。其實這種速度不太尋常，大多數人沒經過幾天或幾個禮拜是察覺不出異狀的，但只是輕敲一下便造成傷害卻是司空見慣。只要一點輕微的力道，就足以導致嗅覺喪失。每次看到足球比賽的小選手用頭頂球，我都為他們捏把冷汗，老實說，我不看好他們長大後會成為廚師或調香師。

除了肇因於鼻塞，其他嗅覺喪失情形都是長期而來的症狀。歷經一場流感或鼻竇炎之後，隨著受損的感覺細胞漸漸被新的細胞取代，嗅覺還是有可能恢復，不過復原的過程可能需要好幾個月，而且可能永遠回不到原有的水準。恢復的可能性隨著年齡增長而降低，而如果是頭部受創，恢復嗅覺的機會很渺茫，斷裂的神經纖維鮮少能夠重新接起來。從典型的研究結果來看，自從初次求診起算一年之後，受感染的病患有百分之三十二狀況獲得改善，相較之下，受創後的病患只有百分之十改善狀況。美國國家衛生研究院意識到有數百萬美國人飽受嗅覺喪失之苦，於是快馬加鞭投入氣味感知的基礎研究。這項工作的終極目標是要找出治療嗅覺喪失的方法，然而儘管數十年來投入資金頗鉅，有效醫療方法的開發依然不得要領。

嗅覺喪失引起的恐慌

突發性嗅覺喪失在心理上是一大煎熬，最大的影響莫過於無法品嚐美食，嗅覺缺失使得餐桌上的樂趣蕩然無存。美食少了香氣便食之無味，宛如雞肋，飲料也變得同樣乏味。面對乏味的食物，有人食慾大減、食不下嚥、體重減輕，有人則只是為了填飽肚子而吃，結果體重增加。嗅覺喪失也可能令人性情大變，患者常有沮喪的症狀，造成心理不安、友誼破裂、情緒不穩、休閒活動停擺等狀況百出，甚至有人發現性生活出現障礙。嗅覺喪失之後，隨之而來的就是持續的焦慮不安。嗅覺缺失患者擔心自己在瓦斯漏氣、發生火災與吃到腐敗食物時渾然不覺，還擔心個人衛生狀況變差，他們採取的對策包括頻繁沐浴及洗滌衣物。據說比起嗅覺正常的人，嗅覺缺失患者較常發生燒壞鍋子或吃壞肚子這類與嗅覺有關的危險事件，不過幾乎沒有資料顯示受傷機率真的比較高。

另外還有極少數的案例，有人是生來就沒有嗅覺。既然從來不知嗅覺為何物，也就很難知道自己失去了嗅覺，因此天生患有嗅覺缺失的人常常對自身的狀況感到茫然，不過也有少數人設法找出光明的一面。有位年輕的英國女孩患有嗅覺缺失，她的前男友曾對她說：「你真是世上最完美的情人。你讓我每晚可以從酒吧把咖哩打包回家，還可以在你面前盡情放屁，你都不會嫌臭。」還有一位報社記者天生嗅盲，但美國某大報關於氣味的報導經常由他捉刀；這算是戰勝殘疾的感人勵志故事，還是一場新聞大騙局？答案見仁見智，或許兩者都算吧。

嗅覺從正常到部分喪失再到完全喪失，其間有許多關於氣味感知的怪異病症，例如有人患有幻嗅症，即使周遭沒有氣味存在，他們也會感受到氣味。這種嗅覺上的錯覺有的模糊籠統（例如「一種藥味」），有的十分明確（有位病患陳述：「那令我想到一種花，我曾經在薩摩亞群島聞過。」）。對醫生來說，幻嗅症的診斷可不是件容易搞定的事，氣味的幻覺時有時無，又不見得會在問診時發作。醫師必須先排除所有可能來自本身器官的異味源，特別是鼻竇或牙齦方面相關疾病。而幻嗅症的生理原因琳瑯滿目，包括急症發作、偏頭痛與腦瘤等。

當真實氣味引發的感受扭曲失真時，這種狀況稱為嗅覺反常（parosmia）。如果發生這種情形，反常的感受總是令人不快，患者會抱怨東西聞起來像是發臭、腐壞或燒焦了。有位六十歲的老太太就有這種情況，有天早晨醒來，她發現聞到的每一股氣味都像是吐司烤焦的氣味。過了十一年，儘管用過抗生素、抗病毒藥、維生素、β阻斷劑（beta blocker）❷、抗痙攣劑與硫化鋅治療，情況依舊毫無改善。

嗅覺反常的人可以說出哪些氣味失真了，最常見的是汽油、香菸、咖啡、香水、水果（主要是柑橘與甜瓜）及巧克力。嗅覺反常幾乎都是在上呼吸道感染或頭部受創後發生，造成嗅覺機能降低，但未完全喪失，研究人員因此推測，這是因為受損後再生的神經細胞在連接嗅覺系統時「接錯線」了。而在所有嗅覺病變中，最可怕的莫過於「惡臭幻覺」（cacosmia），一旦得了這種病，每樣東西聞起來都像大便。

在美國科幻小說家狄克（Philip K. Dick）的科幻小說《幻影》（*The Simulacra*）中，有號人物名叫康洛先（Richard Kongrosian），是一位具有超能力的鋼琴家，會用念力彈奏樂器。他也有精神不穩定的病史。後來他看到一則廣告，使他誤以為自己有體臭，變得很在意體味，便忍不住一直洗澡，可是白忙一場，氣味並未消失。儘管康洛先不碰鋼琴也能彈奏，卻是活生生精神失常的典型人物，他的毛病稱為「嗅覺關聯症候群」（olfactory reference syndrome），病徵是會不斷幻想自己有體臭。

男女嗅覺大不同

男人與女人的嗅味能力不同，或許沒什麼好大驚小怪的，這點已由各種不同的檢驗方法，在世界各地不同種族之間屢獲確認。女人自認嗅覺比較靈敏，而實驗數據也支持她們。女人可以感受到較低濃度的氣味，也比較能正確說出氣味的名稱。德國心理學家發現，在顏色與音調的記憶能力方面，男女不相上下，但對氣味的記憶能力則是女人略勝一籌。對於這個發現，美國幽默大師巴瑞（Dave Barry）的夫人應該會覺得理所當然。以下是巴瑞描述的狀況：

每星期至少有五天，內人和我都重複著相同的對話。她會說：「那是什麼味道？」然後我說：「什麼味道？」她便盯著我看，一副我腦子壞掉似地說：「你聞不到嗎？」實情是，在下我就算客廳有堆廢輪胎在燒，我都不見得聞得到；反觀內人，哪怕只是一小顆爛葡萄，她隔著兩棟房子都聞得出來。

性別之間呈現如此差異，其實是基於整體的平均值而言；事實上同一性別的個別差異頗大，而且兩性之間的重疊處甚多。然而一般說來，女人還是略勝一籌，或者就像巴瑞的玩笑話，男人

❷ β阻斷劑可和一類腎上腺素的受體接合，使真正的腎上腺素分子無法傳遞訊息。

都得了「雄性嗅覺缺陷症候群」？

女性的嗅覺比較敏銳，這要做何解釋呢？幾乎沒有跡象顯示兩性的鼻子有所不同，巴瑞的鼻子在外觀及運作方面，可能都像極了巴瑞太太的鼻子。不過腦子可就不一樣了，新證據顯示，腦中與氣味感知有關的結構，其大小與細胞架構是男女有別的。這些結構上的差異能否解釋巴瑞所說的狀況，目前仍有待觀察，不過我們確實發現男女之間有些感覺上的差異（譬如女人常感覺氣味較重，也比較不好聞），這可由腦波反應的不同看出。

女性的嗅覺優勢有部分要歸功於她們的語文表達能力較佳；語文造詣有助於提升氣味記憶與氣味辨識測驗的成績。另一個因素在於荷爾蒙，女人對氣味的敏感程度隨著月經週期起伏，在排卵期達到最高峰。荷爾蒙的影響並不單純，它們以複雜的方式與認知因素交互作用，這種交互作用所產生的嗅覺性別差異，堪稱有史以來在實驗室觀察到最神奇的現象之一。感覺科學家道爾頓（Pam Dalton）與布瑞斯林（Paul Breslin）測試男性與女性對特定氣味的敏感度，經過為期三十天的反覆測試，發現女性對該氣味的敏感度大增，男性卻不會。這種效應只限於測試用的氣味，換成別的氣味，則不論男女的敏感度都不會有所變化。

敏感度的增強不可能肇因於「熟悉」，因為女性在一般嗅覺門檻測試的成績並沒有愈來愈好。她們之所以變得更加敏感，是因為一次又一次暴露在低濃度的氣味之下，才會密切注意該氣味。最值得一提的是，道爾頓與布瑞斯林並未在青春期前的女孩與停經後的女性身上看到嗅覺敏感度提升的現象，這種現象只在生育年齡的女性身上出現，意謂著女性荷爾蒙扮演著不可或缺的角色。事實上，在接受荷爾蒙補充療法的停經女性身上也能觀察到這種現象。

性別之間的嗅覺差異早在嬰兒出生幾天之內即十分明顯，女寶寶會轉頭面向新氣味的方向，而且比男寶寶花更多時間去聞氣味。人類學家泰戈（Lionel Tiger）把這樣的差異歸因於演化。他表示，人類在漫長的「狩獵－採集」生活史中，採集蔬果都是由女性負責，敏銳的嗅覺有助於判斷蔬果的成熟度及安全性。基本上，泰戈的觀點是把「女人花較多時間在烹飪」的說法披上生物學的外衣，而有些地方的人不會欣然接受這種論調。然而我們難以想像，若撇開生物學不談，純就人類文化來解釋，如何能夠說明在兩個月大的新生兒身上所見到的性別差異呢？

年齡影響嗅味能力

隨著年事漸高，嗅覺會開始退化。年過四十就會出現第一個惡化的徵兆（至少在實驗室的條件下可以觀察到），到了六、七十歲更加速惡化。有趣的是，對於不同的氣味，惡化的速率並不相同，例如人們直到七十幾歲都能輕易察覺到玫瑰與香蕉的氣味，但對於硫醇類（添加於天然氣中作為警示氣味的物質）的感受能力，早在五十來歲就有減退的跡象。

有些與年齡有關的嗅覺喪失可說是鼻子方面的問題，是經年累月的感染與頭部輕微撞擊所累積的耗損。有的嗅覺喪失則是腦部的問題，例如氣味辨識能力的好壞，要看測試時需要用到多少短期記憶而定。由於短期記憶會隨年齡而減退，年長者在純是非題型的氣味測試中成績較佳，至於多重選擇題型需要較高的記憶能力，成績就比較差。然而退化並非不可避免，二十五歲的年輕小伙子和七十五歲的長者相比，可不見得穩贏呢。事實上，調香師的能力通常會隨著年齡增長而提升，他們的敏銳度固然因年紀而日漸遲鈍，經驗與技巧卻能彌補一切。我還沒見過哪一家香水工坊針對調香師設定強制退休年齡。

抽菸造成嗅覺退化？

在一般人心目中，抽菸必使嗅覺變鈍，這似乎再理所當然不過了。出人意料的是，這樣的跡象並不明確。有些研究發現抽菸有不利的影響，但幾項最新的研究則不然，其中一項針對九百四十二位澳洲人所做的研究發現，接受嗅覺測試前的十五分鐘內抽菸，會使嗅覺表現暫時退步，除此之外，該研究報告指出：「與以往的發現相反，在本群組中，抽菸並未減損嗅覺表現或對嗅覺能力的自我評量分數。」

《國家地理雜誌》的嗅覺調查問卷結果則是兩者參半，舉例來說，癮君子對於佳樂麝香（Galaxolide）這類人工麝香氣味的感受比不抽菸的人來得強烈，對男性酯酮（androstenone）的麝香與尿味則相反。癮君子比不抽菸的人較能接受硫醇樣本的臭味，但他們對玫瑰與丁香味的好感卻也勝於不抽菸的人。癮君子有可能對某些氣味變得更加敏銳，對其他氣味則變得遲鈍。無論如何，臨床測試觀察到的吸菸負面效應，對於日常生活的嗅覺功能也許並無大礙。的確，許多調香師的菸癮都很大，就連業界頂尖的調香師也不例外。

正因為抽菸會產生負面效應的傳統認知是如此根深柢固，研究人員所得到的結果若與之不符，就會擔心是否哪裡出了差錯。以一項針對瑞典舍夫德市（Skövde）的民眾所做的研究為例，發現有幾項因素與嗅覺表現的衰退有關，老人、男人與長了鼻息肉的人都在其中，但抽菸並不在列。同樣的，糖尿病與鼻息肉會導致嗅覺盡失，性別與抽菸卻不會。相關論文的作者並未發現抽菸會提升氣味感知能力，只是也沒能找到抽菸有損嗅覺的證據。當科學家說「嗅覺功能障礙與抽菸之間缺乏有意義之統計關聯性的說法尚有爭議」時，我們就知道，他們已經準備好面對那些「政治正確」的指責聲浪了。

對嗅覺的盲目信念

每次參加派對，只要我一坦承自己是嗅覺專家，人們便接二連三地問我問題。（這點我倒不介意，反正我要是沒有心情回答問題，只要補上一句「我的專長是化學領域」，對話便嘎然而止。）人們經常問到究竟誰的嗅味能力比較厲害，是男人還是女人？是調香師還是一般人？說也奇怪，人們拿這類比較打開話匣子時往往不用疑問句，而是用肯定句。有位仁兄手拿酒杯，用認真的語調告訴我：「盲人的嗅覺最敏銳。」其他人則信心滿滿地附和道：「海倫凱勒的鼻子靈得不可思議。」

海倫凱勒於一九六八年過世，她在人們心中留下強烈的印象，使大家相信眼盲的人會因代償作用而變成嗅覺超人（漫畫英雄人物「夜魔俠」正體現了相同的見解）。儘管海倫凱勒具有指標性的地位，她本人倒是沒說過她有一個超靈敏的鼻子。在知名的散文〈聞，墮落天使〉（Smell, Fallen Angel）中，她描述自己所能聞到的氣味，文字抒情而略顯濫情（比方說「氣味是法力高強的巫師，從千里之外直衝我們而來，一年到頭皆如此」）；她舉了一些明確的例子，從中可以看出她的嗅覺能力。

且將她的才能與我們比一比。氣味觸動回憶——有；可嗅到暴雨將至的氣味——有；從房子的氣味就能判斷房屋是否老舊且長年有人居住——有；能夠聞出一個人的職業（畫家、木匠、鐵匠等）——有；可以聞出閨中密友獨一無二的氣味——有；小寶寶聞起來香香的——有。到目前為止，都沒什麼異於常人之處，海倫凱勒聽起來並不像是嗅覺天才嘛。的確，她壓根沒說過她因為視盲而得到更敏銳的鼻子，或是她的嗅覺優於明眼人之類的話。相反的，她還寫道：「我並不知道所有獵犬或野生動物的氣味。」她也說：「在我的經驗當中，氣味是最重要的。」這是理所當然的，她既盲又聾，氣味是她探索世界的主要途徑。

海倫凱勒對本身能力如此含蓄的自我評量，並未使眾人一窩蜂認定「眼盲會提升嗅覺」的熱情稍歇。要說這種論調絕對正確似也不無道理，然而真是這樣嗎？許多實驗證據可以回答這個問題：過去二十年間，有六項研究比較過盲人與明眼人的嗅覺，讓盲人組與明眼組感受濃度幾乎相等的氣味，結果發現盲人並不比明眼人敏銳，無一例外。至於將一種氣味與其他氣味分開時，盲人的能力亦與明眼人無異；就連受氣味刺激而觸發的腦波，盲人和明眼人都十分相近。

盲人也許有一項優勢：在前述六項研究中，有三項顯示盲人能夠較為正確地說出氣味的名稱。即便如此，這項長處也是取決於記憶力之類的認知因素，而非感覺異常敏銳所致。根據海倫凱勒的自述及實驗觀察到的現象，海倫凱勒探索氣味景致的能力與其說是拜超靈的鼻子所賜，倒不如說是人腦能夠隨機應變，把平凡無奇的鼻子運用得淋漓盡致而已。

佛洛伊德的鼻子

精神分析學家佛洛伊德並不把鼻子放在眼裡，他相信氣味感知是一種退化的知覺，如同盲腸般可有可無。他的觀點是這樣的，當我們祖先在演化過程中開始採用兩腳立姿時，鼻子與地面的距離拉長，嗅覺便退化了。於此同時，佛洛伊德口中的直立猿人發現他們的生殖器外露，深感羞愧與嫌惡，因而對糞便的臭味產生反感，並壓抑他們的一般嗅覺。對佛洛伊德而言，這是通往文明之路必備的先決條件：壓抑嗅覺意謂著壓抑野蠻的性衝動，舉手投足則變得益發有教養。

佛洛伊德指出，小孩的成長過程就是人類演化史的小翻版，因此新生兒初期對氣味所產生的興趣，終會像胚胎的鰓裂一樣消失得無影無蹤❸。佛洛伊德的美國大弟子布里爾（A. A. Brill, 1874-1948）將大師的觀點歸納如下：「所有孩子在他們幼年期都會善用嗅覺；有些孩子就像我們後來知道的，即使到了成年仍保有優異的嗅覺，而大多數的孩子可說是一面長大一面喪失嗅

❸人類及陸生動物胚胎在發育初期均會出現如魚類般的鰓裂，發育完全後則閉合而消失無蹤。

覺。」對於主流派的精神分析師而言，心智成熟成年人的嗅覺會持續退化，而對氣味的迷戀，則歸類為性變態與神經官能症患者的特徵。

佛洛伊德對嗅覺的觀點就像他的許多理論一樣，聽在別人耳裡不免覺得愚蠢又荒謬可笑。說到這個觀點，佛洛伊德原本只在寫給德國耳鼻喉科醫師密友弗立斯（Wilhelm Fliess, 1858-1928）的信中提到區區幾句話，並在《文明及其不滿》（*Civilization and Its Discontents*）書中以兩條注腳說明。歷史學家蓋伊（Peter Gay, 1923-）稱佛洛伊德「魯莽冒進精神分析的蠻荒之境」，上述嗅覺觀點也是其中之一。然而，這些觀點成了精神分析理論的一部分基石後，便在更廣闊的心智世界幫忙貶低嗅覺的價值。

詭異的是，在佛洛伊德眼裡，心理學的每一層面都能與「性」扯上關係，唯獨認為嗅覺沒什麼可作文章之處。難道性吸引力再也不關鼻子的事了嗎？是說現代女性都不秀「味」可餐了，而現代男人都是木頭嗎？還是反過來呢？在一項美國德州大學所做的近期研究中，男人覺得排卵期前後的女人所穿過的T恤，比起女人在非排卵期穿過的聞起來更舒服、也更性感。如此看來，現代女性在排卵期似乎還是繼續產生氣味線索，而現代男性也持續對這樣的氣味有反應。這項實驗不需要高深的技術，說不定早在佛洛伊德或布里爾想驗證他們的理論時，就已經在一九三〇年的維也納或一九三二年的紐約做過了。

布里爾謹遵教誨，於一九三二年發表「嗅覺不同於視覺，在文明人的生命中，嗅覺的角色可有可無」以及「現代人不太需要嗅覺」這些論調，然而即使他們周遭盡是文明的現代人，佛洛伊德與布里爾也從不巴著別人追問他們的看法。這個論調正確與否，心理學家羅辛（Paul Rozin, 1936-）等人在幾年前調查過，他們請人將以下幾種狀況按照接受度排列：嗅覺永久喪失、單耳永久失聰、左腳小趾截肢。根據近半數受訪者的回答，最無法接受的選項是喪失嗅覺，看來一般人並不像佛洛伊德所認為的那樣不把嗅覺當一回事呢。那麼，佛洛伊德是基於什麼動機，編造出如此不堪一擊、只要簡單的問卷調查一戳就破的嗅覺精神分析論呢？

嗯，有的專家認為這是某種佛洛伊德情結作祟。精神分析學家勒蓋萊（Annick Le Guérer）將之歸咎於佛洛伊德在「壓抑」自己「對弗立斯的移情作用」。人類學家豪斯（David Howes）則認為，佛洛伊德對弗立斯的矛盾情感，導致他「否定與鼻子有關的論調」，並渴望「將鼻子從精神分析理論中切除」。

鼻子不重要或壞掉了？

我倒是有個比較直截了當的假設。從佛洛伊德的病歷看來，我猜他應該飽受嗅覺減退所苦。他曾接受古柯鹼治療、動過鼻腔手術、感染過流行性感冒、得過鼻竇炎還長年抽菸，這些因素經年累月地侵擾，最後加上老化的關係，他的嗅覺在臨床上已經無藥可救了

佛洛伊德在一八八九年染上流行性感冒，時年三十三歲。他那次病得不輕，留下了心律不整的永久後遺症，也極有可能影響了他的鼻子。佛洛伊德在一八九三到一九〇〇年寫給弗立斯的信中，時常抱怨鼻子被膿與瘡痂塞住，這些都是鼻竇炎與鼻道感染的症狀。佛洛伊德還患有偏頭

痛，他會用弗立斯開給他的古柯鹼塗抹鼻子以紓解不適。弗立斯也為佛洛伊德的鼻子動過兩次刀，移除並燒蝕部分鼻甲骨。最重要的是，佛洛伊德的菸癮極大，在一八九〇年代，他平均每天要抽上二十根菸。

一八九七年，佛洛伊德的嗅覺理論問世時，他的鼻子早已藥石罔效了，我推測他當時應該已經喪失了嗅覺。他於一九三〇年寫了《文明及其不滿》這本書，當時已經高齡七十四歲，而且罹患口腔癌。在我看來，佛洛伊德在精神方面對氣味漠不關心，可說是「感覺遭到剝奪」的結果，即成年期才逐漸發作的重度嗅覺減退。他認為嗅覺在孩提時期很活躍，成年後就無關緊要，這種可笑的主張與他對弗立斯醫師的情感沒啥關聯，不過就是基於自身所受的苦而發的以偏概全之詞罷了。

在動物王國中，我們排行老幾？

> 這兩種動物（鹿與狗）與人的嗅覺能力無疑皆有莫大的差異；然而，我並不會像有些生理學家表現的那樣，對人類的嗅覺如此自慚形穢。
>
> ——哈德遜（W. H. Hudson, 1841-1922，美國自然學家），《關於嗅覺》（*On the Sense of Smell*），一九二二年

我拿到美國賓州大學的博士學位之後，就在與母校相隔只有幾條街的莫耐爾化學感官中心（Monell Chemical Senses Center）展開職場生涯。我獲聘為該中心的研究員，與山崎邦郎博士成為研究夥伴。山崎養了幾窩老鼠，作為癌症研究之用，那些老鼠都是近親交配的產物，除了一組稱為「主要組織相容性複合體」（major histocompatibility complex, MHC）的基因之外，其餘遺傳特徵完全相同。MHC是控制身體組織排斥反應的基因，我們以之判斷一個人是否為適合的器官捐贈者。山崎的老鼠喜歡與具有不同MHC基因型的老鼠交配，牠們顯然是根據氣味來找對象。我的計畫是利用交配競爭實驗，把母老鼠丟進眾多MHC基因型不同的公鼠群中，讓老鼠們自由競爭交配機會，藉此研究這種「循味擇偶大戲」背後的機制。

看到老鼠擇偶的行為，我不禁好奇了起來。這種氣味差異對老鼠如此明顯，那麼人類能察覺出來嗎？我旋即進行了有生以來第一次針對人類嗅覺感知的實驗。我把塑膠保鮮容器的側面鑽了幾個洞，將活老鼠放進去，再請人蒙著眼睛聞聞看；聞的時候，有些人的鼻子偶爾還會被老鼠的尾巴搔到，有些人似乎比其他人更討厭這樣。受測者也聞了幾支裝滿老鼠尿或乾糞粒的試管（真慶幸當時沒有人吃到老鼠大便）。每一種氣味源的結果都很明確：未經訓練的人類單憑氣味也能區別不同種系的老鼠。鼠輩的神奇嗅覺本能，恰也落在人類能力所及的範圍內。我把這宛如「人咬狗」的怪異情節鉅細靡遺地發表在《比較心理學期刊》，最後竟成了我的科學論文獲得引用次數最多的之一。這除了激勵我持續探索人類的氣味感知，也開啟了我入行香水業界的大門。

狗與人的嗅覺連結

英國心理學家威爾斯（Deborah Wells）與赫伯（Peter Hepper）發現一種人狗之間的氣味情感，更是令人印象深刻。他們讓狗主人嗅聞兩張一模一樣的毯子，其中一張是受測者的愛犬睡過的，另一張則由別的狗睡過。有八成九的狗主人成功認出他們愛犬睡過的毯子。

坊間關於狗鼻子神奇能力的傳聞軼事一向強調狗狗的天賦，而忽略了人類在狗的這類技能背後下了多少工夫（到底是誰在幕後搞鬼！）。舉例來說，近年有一項研究發現，狗能夠聞出一個人是否患有膀胱癌，而在過程中，研究人員可是拿著人類的尿液樣本全力以赴地訓練狗狗呢。訓練是由「大家來找碴」之類的遊戲開始，再進階到較為複雜的測試項目。尿液樣本則是經過謹慎篩選，好讓狗學著不去理會無關緊要的飲食氣味；訓練師也會同時拿吸菸者與非吸菸者、病人與健康人士的樣本作為平衡。經過七個月的訓練，狗狗準備好接受決定性測試了：從一組七個樣本中，挑選出一個呈陽性反應的樣本。這群狗當時的正確率為百分之四十一，遠勝瞎猜猜中的機率（即七分之一，或百分之十四）。關於這項結果的科學報導，在世界各地都上了頭版新聞。

所以狗可以聞出與膀胱癌有關的氣味，很好。不過若想靠小狗拯救膀胱癌病患，還有漫漫長路要走，即使是經典影集《靈犬萊西》那隻屢救小主人的忠狗也很難辦到。要利用狗狗的這項天賦，你家附近的地區醫院必須養一堆狗，更要有一票訓練師隨時待命，並供應大量經醫學認證的人類尿液樣本，還要持續不斷提出統計數據支持以及化學分析結果。這些通通做到了，還是有六成的膀胱癌會成為漏網之魚。

人類鼻子比較遜？

人類的鼻子要是也與前述的動物受到同等對待，我們也會像任何一隻狗狗一樣讓人印象深刻。舉例來說：幾球冰淇淋曾插過木籤，光聞這些冰淇淋，常人可有辦法分辨出木籤是打哪來的？美國的威斯康辛州？緬因州？加拿大的英屬哥倫比亞？還是中國？這太誇張了吧。既然如此，就把每個地區的木籤插在香草冰淇淋裡凍個六天，然後使這些樣本融化，再把木籤拿掉。美國俄亥俄州立大學的研究生被找來嗅聞這些樣本，他們必須從反覆出現的樣本配對中挑出相同的樣本，一連挑對五次才算成功。所有木籤來源的可能配對都測試過之後，有兩位受測者失敗，無法分辨出這些帶有木籤味的冰淇淋有何差別。另有八位受測者成功了，可以從十種可能的配對中明確區分出其中五到九種。以人類來說，這樣的成績算是不錯啦。而受測者能夠解釋他們是如何做到的嗎？真可惜，他們也說不上來。不過，狗狗也不知道牠們是怎麼嗅出癌症的哩。

物理學大師費曼（Richard Feynman, 1918-1988）曾在派對上露過一手不得了的把戲：別的賓客短暫拿過的物品，他不必親眼目睹是誰拿過了什麼，只要聞一聞就可以辨別。他說這並不難，因為人們手上的氣味差異大到不行（一九七七年的一項研究證實手的氣味各有特色，而且能夠加以區別）。除了費曼的把戲，人類會的無聊把戲還不少，例如我們能夠從一大堆髒衣服中挑出親密愛人穿過的T恤；母親可以認出自己寶寶的氣味；寶寶則認得自己媽咪乳房的氣味。

在「追蹤氣味」這個不折不扣的「狗任務」裡頭，人類可以得幾分呢？美國加州大學柏克萊分校的研究人員找來一些人，請他們學狗爬的方式，只用鼻子，追蹤一條十公尺長、帶有巧克力味的痕跡。受測者都戴上眼罩、手套與護膝，以阻斷嗅覺之外的線索。在這樣的條件下，有三分之二的受測者成功追蹤氣味的痕跡（一旦受測者塞了鼻栓，就沒有人可以追蹤到那條痕跡了）。經過幾天訓練，人們的追蹤速度倍增，而且愈來愈不容易走偏。此外，緝毒犬對苯甲酸甲酯（牠們靠這個氣味來追蹤古柯鹼）的敏感度其實與人類不相上下，愛狗人士（我也是其中之一）要是知道這一點，也許會大吃一驚。狗鼻子固然厲害，人類也不遑多讓唷，所以我們別盡說些喪氣話了，該給自己更多掌聲！

很多人都先入為主地認為，人類的鼻子一定比較遜，而科學家也經常做出同樣的假設。達爾文認為，我們在演化上的遠祖對嗅覺倚重甚深，但他覺得對現代人來說，嗅覺「就算有所幫助，也是微乎其微。」性心理學家艾里斯（Havelock Ellis, 1859-1939）也持相同的看法：「在大猿階段，嗅覺的重要性已經大為降低，到了現代人的階段，嗅覺幾乎退化殆盡，將主導權拱手讓給了視覺。」這種觀點近年來仍方興未艾，二〇〇〇年，幾位法國研究人員斬釘截鐵地斷言：「與其他哺乳動物如犬類或齧齒類相比，靈長類的嗅覺差多了（也就是嗅覺微弱）。」

氣味感知誰最強？

科學家目前正以全新的角度，重新檢討有關動物嗅覺的傳統觀念。舉例來說，解剖學家史密斯（Timothy Smith）與巴特納格（Kunwar Bhatnagar）便針對嗅覺敏銳與嗅覺微弱動物（即嗅味能力優異與差勁的動物）的差異之處，對教科書記載的內容提出質疑。長年來的假設是這樣的，物種之所以有嗅覺敏銳與嗅覺微弱之分，差別在於鼻子內部的表面積大小。這樣的假設後來證明並不恰當，鼻子的內表面積與空調能力（把吸入的空氣加溫與濾淨）比較有關係，與氣味感知倒是不太有關聯；與嗅覺的關聯性較大的，其實是鼻中感覺組織的多寡。不過史密斯與巴特納格發現，感覺組織的數量會因物種而異，但與總表面積無關。更糟的是，每平方公分的嗅覺神經細胞數目也會因物種而異。總而言之，把表面積當做嗅味能力高低的象徵是靠不住的，史密斯與巴特納格表示，嗅覺敏銳／嗅覺微弱的傳統區分標準早該作廢了。大小並不代表一切。

美國耶魯大學神經生物學家薛佛（Gordon Shepherd）也同意，若想衡量知覺天分，計算神經細胞的數目是個爛方法。他的看法是，相較於有多少細胞可以用來探知氣味，「大腦如何處理那些細胞所提供的資訊」來得更重要。他舉聽覺作為類比：人類的聽神經纖維數目與貓鼠相仿，但我們的說話能力顯然高超得多，我們的優勢是腦中具有負責分析與整合說話聲的區域，而不是因為耳朵裡的神經數量較多。

德國感覺生理學家拉斯卡（Mathias Laska）則測定不同種動物的氣味感知，直接切入正題。他運用基於獎賞的制約手法，找出蜘蛛猴、松鼠猴與豬尾猴的氣味感測極限。按照以往的說法，這些靈長類比狗和兔子遲鈍，可是拉斯卡發現牠們表現得相當不錯，對於眾多不同的氣味，猴子的感測極限都與狗和兔子不相上下。拉斯卡也發現，人類對氣味的敏感度與大猿及猴子相近，這與達爾文的悲觀論調正好相反。

有新證據顯示，在氣味感知方面，人類與動物的相似度可能比我們所認為的還高。一九九一年，巴克與艾克塞發現一大群哺乳動物嗅覺受體基因，兩人最終也因為致力於相關研究而獲得諾貝爾獎。每個基因都會造就出不同的受體，一般而言，受體愈多意謂著能偵測到的氣味愈多，嗅味能力因而較強。大鼠擁有約一千五百個有效受體，狗有約一千個緊追在後，小鼠有約九百個，黑猩猩則有三百五十個左右。人類大概介於三百五十到三百八十之間，海豚則一個也沒有。

這麼看來，大鼠的嗅覺要比人類敏銳五倍囉？那可不盡然。我們可以利用DNA序列的相似度，將氣味受體分成許多集合與子集。理論上，近似的受體偵測相似的氣味分子，因此一個受體子集會偵測到一群相關的氣味。當我們以「氣味受體子集」做比較時，人類與動物之間的鴻溝看來不會太大。人類與狗擁有約三百個子集，大鼠有二百八十二個，小鼠則為二百四十一個。物種之間有頗多重疊的部分，像是人類的受體子集當中，約百分之八十七可在老鼠的基因組裡找到對應，而老鼠的子集則有百分之六十五與人類一致。這使巴克和她的同事聯想到：「一個物種所能察覺的發味物質特徵（即氣味），或許大多數也能被其他物種辨認出來。」

這樣說來，老鼠對我們嗅覺世界的了解，或許比我們對牠們的了解還多（老鼠與我們不同，牠們可能擁有一整組專門用來偵測貓尿的受體子集）。人鼠之間的差異度不如相似度來得高，人與黑猩猩之間更是如此，黑猩猩的氣味受體基因有百分之八十五和人類基因相同。不管是黑猩猩、小狗、人類還是老鼠，我們都用幾乎相同的方式來感受氣味景致的一般特徵。

相較於身體的配備（例如腦容量的大小、神經細胞的多寡或受體的種類），大腦在接收到資訊的當下所做的處置可能更為重要。對許多動物而言，氣味是行動的指令，觸發生物本能的生存反射動作：「一聞到獅子的氣味就趕快逃命。」反之，人類的認知能力則將氣味轉化為符號，得以靈活運用它們的訊號值。嗅味能力的優劣，全都要問過腦袋啊，傻瓜。

比上不足，比下有餘

> 一天早上，我出門化緣，走著走著，我的鼻子竟變得好像狗一般靈敏。我沿著小鎮的街道走著，每隔三五步就有不同的氣味襲來：有人正在洗東西、有人在花園裡施肥、建築物上了新油漆、中國店鋪裡的炭火爐正燒著、隔壁窗口飄出菜餚的香味。那是一次非凡的經驗，我進入一個境界，領會一切可能的氣味。
>
> ——康菲爾德（Jack Kornfield, 1945-），《踏上心靈幽徑》（*A Path with Heart*）

我有個朋友名叫克拉克（Larry Clark），是位鳥類學家。我曾和他一起健行，一路上，他只憑鳥叫聲就辨認出一種又一種鳥類。他這項技能令我佩服得五體投地。我和一位調香師聊香水時也有同樣的感覺，他聞到的東西似乎比我還多，他可以發現許多香調，而我那拙劣的鼻子怎麼也察覺不到，除非有他的指點。這些嗅覺專家是如何練就這般功力的？他們的鼻子果真比你我強多了嗎？要成為嗅覺專家的條件是什麼？

這些問題的答案，不會單純只是「鼻子的敏感度」而已。一般人所能察覺到的氣味濃度，可能和專業品酒師沒兩樣，只是專業人士所擁有的認知技能，讓他們把同樣的感官資訊運用得比一般人更靈活。經驗老到的酒類專家對各種葡萄酒如數家珍，還能區分不同年分的酒；老練的調香師也能易如反掌地將新款古龍水加以歸類，並指認出其獨特的調性。換句話說，專家的優勢不在鼻力而在腦力，也在於這些專業智能的例行鍛鍊。例如，酒類專家在品酒之際必定勤做筆記。專家比菜鳥強的地方在於，他們在一連串品酒會中，能用自己的話恰如其分地形容各種酒的真實風貌。專家們的腦力修練，使他們免於落入所謂「語文遮蔽效應」的陷阱；新手在設法構思形容詞時，他們對香氣本身的感知有可能無形中受到干擾，此即「語文遮蔽效應」。

調香師卡爾金與傑里內克相信，他們的工作只要有個堪用的鼻子就可以勝任了。專業人士成功的要訣在於特殊的智能及思考流程，我自己的研究也證實，香水業界專業人士的想法確實與眾不同。調香師、香料鑑定師、化學家與銷售主管，會比非相關行業的外行人擁有更優異的嗅覺心象能力。把特定香水的氣味記在心裡，並想像各成分混合起來會變出什麼氣味，這些能力在香水業徵才時，都被列為職務要求的核心。

專家們在不斷磨練知覺技能的過程中，腦部對氣味的反應也許真的發生了變化。人腦有一塊與認知判斷有關的區域，稱為額葉眼眶面皮質（orbitofrontal cortex）。有人把專業香水研究人員的腦波圖拿來與非專業人士相比，發現專業人士在聞到氣味時，額葉眼眶面皮質會出現特殊的額葉活動。專業人士的腦部反應模式，或許反映出他們比較善於分析氣味感知方式。另一項研究則分別針對侍酒師與非專業人士，調查他們在啜飲酒類樣本時的腦部活動。侍酒師在認知處理相關區域（同樣是額葉眼眶面皮質）及整合味覺與嗅覺資訊的區域較為活躍，反觀非專業人士，則是在初級感覺區及情感反應相關區域較為活躍。針對聞到的東西練習做出審慎的評判，會使人的腦部功能發生變化，並使嗅覺更上一層樓。

真有嗅覺超能力？

世界上真的有嗅覺天才嗎？嗅覺神童的鼻子擁有哪些特異功能？他會在氣味辨別測試中所向無敵，也可以察覺到微量濃度的氣味，而且很快就能在極為相似的氣味之間指出差異。他能輕易把樣本依濃度高低加以排序，也能毫不猶豫地說出氣味的名稱，並從複雜的混合物中挑出單一成分。他可以記住一大堆氣味，對於新的氣味也有「過鼻不忘」的能力。他不可能出錯，任何詭計或圈套都別想騙過他。最後，他擁有高深的本領，能憑空想像氣味，以及預見氣味混在一塊時聞起來會如何。

倘若真有這號人物存在，那麼科學家一定還沒找到他。然而小說家並不因此而停止想像一些天生擁有神力的角色，徐四金的小說《香水》（*Perfume*）主人翁葛奴乙即為一例。許多人都推薦我看這本書，覺得我會喜歡書中所述葛奴乙不可思議的嗅覺本領，不過我倒沒什麼特別的感覺。

葛奴乙生來就有辨認出數十種氣味的能耐，但澳洲心理學家賴英提出的極限告訴我們，正常人不可能從複雜的混合物聞出超過四種氣味。縱使我們接受這類幻想，葛奴乙又怎能在一夜之間成為巴黎最頂尖的調香師呢？解析香水與創造香水可是兩碼子事呢。（打個比方，我可以把莫札特交響曲的每一個音符聽得一清二楚，可是我並不因此成了作曲家。）

我們知道調香師的工作是由上而下的過程，先認出香水的類型，接著才分辨出賦與其獨特性的細微差別。葛奴乙則是先把香水拆解成原料，與調香師的實際工作模式完全相反。然而我超愛看血淋淋的驚悚片，不介意葛奴乙是個討人厭的怪胎，他自己沒有體味，便謀殺處女萃取她們的體香。熱愛《香水》這本書的讀者們也不介意，他們沉浸於精油交融的浪漫情調，不顧葛奴乙是個嗅覺戀屍癖，也不在乎這本小說的冷血調調。如果《香水》算是關於製造香水的故事，那《德州電鋸殺人狂》就是教人製作香腸的電影啦。

英國小說家魯西迪在他著名的小說《午夜之子》（*Midnight's Children*），創造出一個擁有嗅覺超能力的角色，名叫撒奈伊，生來有個大鼻子。《午夜之子》書中許多臭味十足的篇章讀起來趣味盎然，正如其近乎虛幻的文句。在這部小說裡，魯西迪嗅出了巴基斯坦喀拉蚩的氣味景致：

> ……各種香味雜然無形地湧入我體內：弗瑞爾路博物館花園裡的動物糞便悲哀而腐敗的臭氣；薩達爾的黃昏年輕人手牽手，身上膿瘡裹在寬褲裡的體味；吐出的蔞葉與鴉片渣令人窒息；艾芬斯通街與維多利亞路之間擠滿攤販的巷弄裡聞得到「火箭檳榔」氣味。駱駝味、汽車

味以及嘟嘟車那種蚊蚋般令人不適的臭氣，走私香菸與「黑錢」的味道，市內巴士司機們比臭的惡臭，以及沙丁魚般乘客單純的汗酸味。

撒奈伊和葛奴乙一樣來自虛構的世界，他的嗅覺能力遠超乎常人所能想像，可以利用嗅覺刺探他人的情緒、洞悉他人的性格、摸透他人的底細。而在印裔美籍作家蒂瓦卡魯妮（Chitra Banerjee Divakaruni）的小說《濃情戀人香》（*The Mistress of Spices*）及美國作家羅賓斯（Tom Robbins）的搞笑鬧劇《吉特巴香水》（*Jitterbug Perfume*），也都看得到這類「怪咖」的身影。魔幻寫實小說的作者們為何對「嗅覺超人」情有獨鍾呢？對文人來說，把「原始」的獸性感官轉化成無所不知的感知形態，顯然是一種難以抗拒的奇想。無論那些小說的娛樂價值有多高，真人的心思終究不是虛構的嗅覺超人能夠聞得分明的。

嗅覺是打擊犯罪的利器嗎？

我提議，警察若真想知道釀酒廠與地下酒莊的藏身之處，帶我隨行準沒錯。美國政府如果設立一個部會，由氣味專家來當家，未嘗不是個好主意。

——海倫凱勒

二〇〇五年四月，美國喬治亞州的監獄來了個印第安那州人，要保他的姊夫出獄。他手上抓了四百美元現鈔的保釋金，傳訊的辦事員注意到那些錢沾滿了大麻味。員警在他的同意下搜查他的車，搜出一支菸管與一些大麻，於是當場沒收。這情節帶有幾許嬉皮電影的味道，但拿氣味當證據，是否侵犯了美國憲法增修條文第四條「保障人民免於遭受不合理盤查與扣押的權利」，卻引發了嚴肅的人權爭議。

一九九九年二月，美國俄亥俄州一位公路巡警攔下一輛闖紅燈的車子，駕駛人搖下車窗時，警察聞到一股大麻菸味。經過一番搜查，從駕駛人的口袋裡搜出紙菸捲和大麻菸，菸灰缸裡還有一截大麻菸屁股，駕駛人於是遭到逮捕。在法庭上，駕駛人主張員警欠缺明確有形的證據，只憑氣味即行搜查，是為不當搜索。這個主張成功說服法官駁回警方的控告。此案後來一路打到俄亥俄州最高法院，結果成功翻盤；最高法院裁決，大麻燃燒的氣味「鮮明可辨」，本身即足以構成免持搜索票搜查的合理依據。美國密西根州、科羅拉多州、威斯康辛州、阿肯色州及其他至少十五個州的最高法院也持類似見解。

官方執法人員的鼻子究竟需要有多厲害，才可以主張他們具有搜查毒品的合理依據呢？俄亥俄州法院依憑的事實是逮人的警官受過訓練、鑑定大麻菸味經驗老到，其他轄區的標準就比較寬鬆。有時候，警察宣稱他們鼻子本領之高強，簡直到了難以置信的程度。例如紐澤西州有位駕駛人因違反交通規則被攔，警員聲稱他從駕駛座旁開啟的車窗聞到沒燒過的新鮮大麻味，搜索之後，果真在後行李箱發現一塊用塑膠垃圾袋包著的墨西哥大麻磚，那是二十分鐘前才完成的一樁毒品交易。而在加州，警察搜索一戶疑似種植大麻的人家，警察並未申請搜索票，因為他們聲稱可以聞到大麻樹的氣味……那之間可是隔了好幾百公尺的漫天燠熱空氣與引擎廢氣呢。

如果對照多數警察接受的訓練，這些「鼻子偵探」的本領便顯得愈發不平凡。據擔任刑事審判專家證人的伍德弗博士表示，警員辨案時，經常是到了證據室聞了實際的東西，才知道毒品是啥氣味。他們所接受的正式訓練其實滿粗淺的。他說：「某人提了一箱毒品進來，叫每個人上前聞一下，這就是所謂的訓練。」這個非正式的方法有個大問題：大麻的香氣極為多樣，連大麻客都心知肚明（只要去問問前文寫演唱會回顧文的作者就知道了……）。

當然，警員偵辦販毒案件的經驗愈多，對毒品氣味的熟悉程度也隨之增加。他們在法庭上為自己的技能辯護時，經常舉出這種執勤經驗。他們聲稱：「我辦過很多案子，認得出那氣味，這些年來我已經熟得不得了。」伍德弗表示：「在法庭上，提出那種說法就足以認定為專家。」他說，毒品案件的被告鮮少要求進行氣味測試或醫學檢驗，用以質疑員警的嗅味能力。

警察的嗅味能力測試

問題只在於，在這類案例的環境下，有多麼容易察覺出大麻味？嗅覺科學家達堤（Richard Doty）等人為了查明真相，便拿前述紐澤西州與加州案例的情境作為實驗條件，進行一些刑案嗅覺測試。他們在一個垃圾袋裝入二點五公斤的墨西哥大麻，在另一個垃圾袋裝入等重的碎報紙，發現未經訓練的人可以輕易地區別兩者；但把這些樣本放進車子的後行李箱，受測者就無法從駕駛座旁的車窗察覺到氣味。同樣的，受測者能夠近距離單憑氣味確實分辨出成熟的雌性大麻樹，也可以由氣味辨認出何者為未成熟的大麻樹、何者為番茄藤；不過，當大麻樹的氣味混著引擎廢氣時，受測者就察覺不出來了。

再說到取締酒後駕車，刑警經常藉由聞酒味執法，這在科學上更站不住腳。美國國家公路交通安全管理局所做的一項研究發現，警員從駕駛人的呼氣聞出酒味的能力有頗大差異；大致說來，只有當飲酒者血液中的酒精濃度很高時，警察才會持續感受到酒味（血中酒精濃度介於百分之零點一到零點一五之間，偵測度為百分之六十一）。

在這項研究中，最嚴謹的條件是排除氣味以外的所有變數：試驗對象躲在帷幕後方，透過管子朝警員吹氣。參與測試的警員個個身經百戰，而且都是訓練精良的毒品鑑識專家，即便如此，測試成績的個別差異仍然很大。大體而言，當飲酒者的血中酒精濃度為百分之零點零八以上時，有百分之八十五的機率能當場聞出呼氣中的酒味，但酒精濃度較低時，就只有百分之六十七的機率能當場發覺。警員估計呼氣中酒味強度的能力，實在不比「瞎矇一通」高明到哪去。

警員的嗅覺能力就和其他人一樣良莠不齊，氣味科學家對此早已司空見慣。至於法官與陪審團對警察的能力是否應另眼相待，則是另一回事了。達堤等人認為，雖然法院認定大麻的氣味「鮮明可辨」，這種見解不無質疑的餘地。涉及未燃燒的新鮮大麻時，警方聲稱的嗅味本領是靠不住的，然而這就是法院的生態，對員警的鼻子抱以絕對信任，完全不需要任何確切的證據。而在美國聯邦法院審理的毒品案件中，已有被告引用了達堤的研究（在該案中，一位從未受過大麻氣味辨識訓練的警官宣稱，他從遠處嗅到種植於密閉房間內尚未成熟的大麻）。

那麼，受過訓練的警員只憑嗅覺，就可以將平民百姓列為嫌犯嗎？或許吧。不過根據達堤的說法，這還有待科學的驗證。海倫凱勒若還在世，對於執行公權力的氣味專家，她的期望恐怕更高吧。

第四章

嗅聞的藝術

我自個兒氣息的煙，
回聲、漣漪、陶醉的低吟、情根、絲線、
枝枒與藤蔓；
我吐氣吸氣，我心跳動，
血液奔流，空氣充塞我肺；
嗅著綠葉與枯葉，那水岸，
那深暗的礁岩，以及穀倉的乾草……

——惠特曼，《草葉集》

有些氣味比其他氣味更捉摸不定。正常呼吸時，它們在一吸一吐的節律之間飄近鼻子，卻可能要等上好幾分鐘才會察知。我們關注一種氣味時，不會等到吸滿下一口氣，而是用「吸嗅」的

方式留住氣味。吸嗅的動作頗為奇特，它與視覺或聽覺都沒有可類比之處（狗、老鼠和鹿都能翻動外耳以對準聲音來源，人類辦不到）。研究肢體語言的人很少注意吸嗅這個動作。我們能趁別人不注意時暗地裡聞東聞西，像是在交際場合通常如此；人們認為吸嗅這個動作不雅，聞出聲音更是粗俗至極。這讓無拘無束的自傲靈魂如惠特曼注意到它，並且沉迷其中。一個人不管是在地下室追查發臭的死老鼠，還是剛打開一包零食大快朵頤，都是先吸吸鼻子作為序幕。

吸嗅的目的是要使氣味分子到達我們能夠聞到的地方。關於「嗅覺究竟發生在何處？」這個問題，千百年來哲學家與科學家眾說紛紜。有些古希臘哲學家主張嗅覺發生在鼻子裡，不過鼻道正上方的顱骨基部有塊骨頭稱為「篩狀板」（cribriform plate），外觀類似篩網，其他人因此推論，氣味分子是透過這些微小篩孔直達腦部。這種觀點認為鼻子只是個管道，大腦才是感覺器官。這個自古以來爭論不休的鼻腦大對決，到了一八六二年才塵埃落定，那年德國解剖學家在鼻道高處的裂口發現了嗅覺神經細胞。嗅覺顯然發生在鼻子裡，至少那是生理學上最先與氣味分子接觸的地方。篩狀板之所以有孔洞，是為了讓感覺細胞延伸出來的神經纖維通達腦部。

由於嗅覺細胞藏身於狹小的嗅裂區內，因此似乎不會接觸到鼻中流通的主氣流。研究人員很快又有了疑問：進入鼻孔的空氣實際上成功到達嗅神經末梢的究竟有多少？早期的實驗手法既巧妙，又有些令人毛骨悚然。例如有項研究是把屍體的頭部對半切開，在整個鼻道擺滿一片片小片的石蕊試紙，接著把頭重新合起來，將氨水蒸氣灌進鼻孔，再從氣管抽出。試紙的變色狀態顯示，充滿氨的空氣成功抵達感覺細胞的量微乎其微，多半是從下鼻道通過。

第二個實驗更加離奇，採用的手法堪比英國前衛藝術家赫斯特（Damien Hirst, 1965-）的切剖震撼藝術，但早了一個世紀。這項研究把一個屍體頭部切開，將之抵住一塊玻璃板，並將煙吹進鼻孔，煙霧流經鼻腔裡複雜的皺褶之際，觀察者便可看見氣流與渦流。煙的形態就像前一項研究的氨氣一樣，顯示進入的空氣只有一部分成功抵達受體。

現在，精密的電腦模式可以模擬鼻中氣流，研究人員能夠看出氣流在何處為層流（平穩狀態）、何處為紊流。他們能計算出空氣從感覺表面通過時，有多少氣味分子沉積於上。儘管這些模式運用高科技設備執行精密的運算，結論仍與老前輩的「切頭實驗」殊途同歸：吸入的空氣當中，只有約百分之十到得了嗅裂中的神經末梢。

吸一口氣，聞聞氣味

吸嗅（高速吸入氣流的短短一口氣）是氣味感測的基本步驟。我們靠這個動作迫使更多空氣通過嗅裂，從外在氣味景致取得更大量的樣本。既然如此，吸嗅動作又怎麼會被嚴肅的科學家排斥甚至貶抑呢？關於這點有個奇怪的故事。第一個對吸嗅動作投以高度關注的科學家，也正是企圖將它摒除於嗅覺實驗之外的人。話說一九三五年，美國紐約有位聲望頗高的神經外科醫師艾斯伯（Charles A. Elsberg），他頗有發明天分，設計了手術器械，又史無前例地為椎間盤突出患者動手術，成功摘除突出的椎間盤。艾斯伯的開創功力更是了得，他曾參與創辦紐約神經學協會，建立起美國最早的神經外科服務，後來還參與創辦神經外科醫師公會。

艾斯伯六十四歲時有個念頭閃過心中，他覺得腦瘤會壓迫大腦底部的嗅覺區，可能導致氣味感知缺損。要是他能測量出氣味感度，或許就能診斷病人是否患有腦瘤。他想出一種方法，道具包括瓶子、軟木塞、注射器和一些橡皮管，病人要屏住呼吸，艾斯伯則把加了味的空氣注入病人的鼻孔。敏銳度的衡量，是看病人需要灌進多大一股氣才能察覺出氣味。艾斯伯發現，正常人需要的量為六至九立方公分。艾斯伯的系統非常有效，不僅排除了吸嗅動作，連呼吸都省了。

艾斯伯對此大肆宣揚，稱他的方法是一項重大突破，是科學史上首次針對氣味感度的客觀衡量；他既不知道、也不在乎要感謝瓦得梅克於三十年前發明的嗅覺計。在美國，每一位感覺心理學家都對瓦得梅克的裝置耳熟能詳，而且大多在實驗室擁有這種裝備。這種裝備有一根玻璃取樣管，管的一端彎曲以便深入鼻孔，還有一根較粗的管子，內部含有一層帶有氣味的物質，並完全包覆住取樣管。接著像吹伸縮喇叭似的，把粗管盡量向後拉，暴露的氣味表面就愈大。測定氣味達到可察覺程度時，氣味管（即粗管）拉開的長度（單位為公分）便可作為敏感度的代表。

瓦得梅克的裝備早已推陳出新，足以可靠探索氣味感知的基本現象，也在全美各大學作為實驗課的教學示範。然而，艾斯伯的實驗結果還是很快就登上《時代》雜誌和《紐約時報》頭版，後者還以頭條新聞寫著：「用氣味裝置檢測腦瘤比用X光更靈；神經學家齊為艾斯伯博士劃時代的發現大大喝采，他以精準的嗅覺量測為根據，在此之前普遍視為不可能的任務。」《時代》雜誌也一樣查證不力，報導「艾斯伯博士史無前例地成功測量過去公認無法測量的嗅覺，他建立了明確的『氣味標竿』。」

把九立方公分的空氣猛灌進鼻子裡，這可是一點都不好玩。不過灌氣確實是個普通的手法；大多數科學家都很注重嚴密的實驗控制，甚至不惜違反現實情況。研究人員終究懷疑起艾斯伯的方法，他們發現灌氣的體積不如灌氣的力道來得重要，削弱了體積用於衡量嗅味能力的代表性。更棘手的是，灌氣的力道並不規律，那取決於實驗者鬆開橡膠管上節流夾的連貫程度。

一九五三年，美國加州大學洛杉磯分校的心理學家比對了艾斯伯法與自然吸嗅法所測出的氣味感度，發現灌氣方式產生的數據並不可靠，反而是自然吸嗅方式會產生十分可靠的數據，朝鼻孔灌氣的熱潮於焉告終。這樣的結果戳破了艾斯伯所吹的牛皮，灌氣的手法才不是他所說的什麼「氣味標竿」呢。由於注射器與軟管永遠被打入冷宮，有其他心理學家懊悔地想著：「要是艾斯伯未曾將他的傑作公諸於世，我們現在的景況會不會好一點呢？」

吸吸又嗅嗅

吸嗅動作的特徵因氣味而異。面對微弱的氣味，我們吸得又深又長，而且吸氣次數較多；氣味強烈時，吸氣較為淺短，吸氣次數也較少。談到吸嗅之於嗅覺有多麼不可或缺，人們可能覺得這個舉動會有許多科學家研究，然而我們所知有關吸嗅的一切，大多拜一個人的努力成果所賜，這個人就是澳洲心理學家賴英，他開拓了吸嗅的自然史。

吸嗅動作各有千秋

在始於一九八二年的一系列精心設計的研究中，賴英確認了吸嗅的動力學與嗅覺的相關度。他以一具經空氣稀釋的嗅覺計來控制人們聞到的氣味，這套設備會產生一股氣流，含有精準調控的氣味量。他利用一個內藏有微小氣流探測器的氧氣罩，測量氣味如何被吸嗅。

賴英發現，自然的吸嗅動作平均吸氣三點五次，有人多一些，有人少一些。一個人的吸嗅節奏具有獨特的模式，在不同的氣味與場合下都很穩定。吸嗅模式之穩定及個人特色之鮮明，使得賴英發現，他光看氣流數據就能認出一個人的身分。他甚至將吸嗅模式比做「指紋」。

就在賴英研究的同時，我正任職美國賓州的莫耐爾化學感官中心，也開始進行生平第一項人類氣味感知實驗。我用的氣味源是有頂蓋的塑膠擠瓶。我會坐在帷幕後方，一次遞一個瓶子給受測者，讓受測者自行噴氣、吸嗅，並對氣味做出評價。我聽著瓶子的嘶嘶噴氣聲，便明白每個人都有其獨特的吸嗅風格。不久之後，我發展出一套關於吸嗅者的私房分類法，當中有斯文小生輕輕地聞，幾乎不作聲；有大老粗死命地把瓶中物擠出來，使盡吃奶力氣地聞，教人擔心他們會弄傷自己。我也觀察到不同的心理特徵，果決爽快者有之（迅速聞一下便宣布評語），優柔寡斷者亦有之（總要一聞再聞才擠出評語）。這種種行為舉止與決策風格的排列組合，一一在我的實驗室上演，像是有極為果斷的斯文小生，也有優柔寡斷的大老粗等諸如此類。這些模式相當固定，因此在聞過二、三瓶以後，我就能預測整套測試將會花上多少時間。

我們刊登廣告徵求受測者，上門的當地居民之中，怪傢伙還真不少。有一次在一項測試途中，我的助理遞了一瓶廣藿香精油樣本給帷幕另一頭的受測者。先是擠瓶子和吸氣的聲音隱隱傳了過來，接著鴉雀無聲。過了好一陣子，助理終於探頭看看，居然發現受測老兄把樣本倒在手上、搓揉起他的鬍鬚來了。他說他喜歡那味道。

就直覺而論，吸氣次數愈多，嗅覺似乎愈佳。就像小狗在消防栓旁嗅著地盤標記一樣，吸氣次數多的人，必須從氣味中汲取每一點僅存的資訊。但他們果真如此嗎？賴英有系統地控制吸氣狀態，觀察它如何影響一個人偵測與描述氣味的能力。他有時讓受測者用自然步調吸氣，其他時候則明確告訴他們要吸氣幾次、每次吸氣之間的間隔多久，或是要吸多大口氣。如果限制受測者只能吸氣一次，他們吸氣的方式會類似自然吸氣步調的第一口氣。無論是唯一一次吸氣，或是多次吸氣的第一口氣，結果似乎都不會因氣味強度而不同。經過許多次實驗後，他已能概括陳述他的發現：「關於氣味的存在與強度，吸氣一次所提供的資訊並不亞於吸氣七次以上。」自然吸氣的第一口氣是無可取代的（以專業用語來說，最理想的吸氣為吸入速率每分鐘三十公升、體積二百立方公分，每次吸氣時間至少為時零點四零至零點四五秒）。

我們使用的「吸嗅」這個詞，表現在吸嗅的兩個方面，可以指純粹的機械式動作（透過鼻子短促地吸入空氣），也可以指嗅覺的體驗（吸著氣體聞東西）。「吸嗅」一詞兼具生理意義和感覺意義，兩者都深植於中樞神經系統。大腦並非被動地接收鼻子吸上來的氣味，而是主動管理由鼻子攫取的氣味，而且一切都在幾微秒之間進行。

美國加州大學柏克萊分校有位氣味研究員梭貝爾（Noam Sobel），他在主要掌管觸覺辨識與控制運動動作的小腦發現了嗅覺相關活動，感到十分疑惑。他的實驗團隊追根究底，發現小腦有兩個部位涉及吸嗅。其中之一是氣味活化區，在人們聞到氣味時啟動，氣味愈濃，活化程度愈高。這塊區域一般是在吸到有氣味的空氣時活化，而梭貝爾發現，它也會受到被動嗅覺所活化，例如在受測者憋氣時，用管子將氣味吹進他們鼻子之際。小腦的第二個區域是吸氣活化區，在吸氣行為中啟動，但不會於被動嗅覺中啟動。氣流通過鼻子所產生的感受，可以解釋腦中觸覺部位的活化狀態；對受測者施以鼻道局部麻醉，使鼻子失去知覺，腦部活動即驟降。

腦部的兩塊區域會針對氣味的強度，聯手調節吸氣的強弱。這個反饋作用發生得很快，不到零點二秒就反映在吸氣的動作。（梭貝爾的團隊發現，一連串吸氣動作的第一口氣並不固定，只有最初一百六十微秒是固定的。在賴英的年代還沒辦法測到這麼精準。）感受到強烈的氣味時，小腦會指示呼吸道肌肉抑制吸氣。此外，梭貝爾的團隊也觀察異常腦部活動的最初表現，進而對腦部如何形塑我們的嗅覺感知有了全新理解。小腦所做的正是它最拿手的事：監控感官輸入（此處為氣味強度），以便控制運動動作（吸入）。

氣味香臭影響吸氣深淺

吸氣與氣味感知的關係如此密切，因此人們要想像一種氣味時，習慣性地會吸吸鼻子。若無外在干擾，人們想像宜人的氣味時，吸氣吸得較深，想像臭味則吸得較輕。我們想像一個情境而產生視覺意象的期間，眼睛會產生與觀看實景時相同的掃視軌跡，探查想像中的景象。產生視覺意象的過程中若不讓眼睛運動（例如盯著固定不動的目標物），會使腦中影像的品質降低。

梭貝爾發現嗅覺也有類似狀況，當人們可以吸鼻子時，想像中的氣味會比捏住鼻子無法吸氣時來得鮮明。實際吸吸鼻子可以加深我們對假想臭味（如尿味）的厭惡感，也會增進我們對假想香氣（如花香）的好感。對著虛構的氣味吸嗅並非不經意的習慣，而是可強化我們試圖製造的心理映像。梭貝爾主張「吸氣是認知的一部分」，這種論調恐怕會激怒艾斯伯，但對當今大多數神經科學家而言，聽起來還算合理。

自從艾斯伯企圖不靠吸氣測量嗅覺以來，我們確實有了一百八十度的轉變。由於聞氣味需要吸嗅，我們現在單靠測量吸氣即可檢驗嗅覺感知。當氣味存在時，人們會自然而然且不知不覺地放輕吸氣動作，氣味愈濃，吸氣動作愈輕。我們大可利用這個事實。至於沒有嗅覺的人則無法調節吸氣，他們不斷吸入空氣，彷彿空氣沒味似的。

美國辛辛那提大學心理學家法蘭克（Bob Frank）與傑斯特蘭（Bob Gesteland）發展出一套新型嗅覺測試，方法簡單到極點。病人戴上一對連接電子儀表板的普通醫用鼻管，然後嗅聞六只排成一列的鋼瓶。到此為止，測試結束；病人不需要回答氣味的名稱，沒有多重選擇題，沒有評量表，也看不到花稍的氣味產生設備。實驗細節如下：每只鋼瓶都是一罐豆子大小，其中可能含有些許令人不快的氣味，也可能沒有；初期測試時，法蘭克與傑斯特蘭曾試用硫代丁酸甲酯（Methyl thiobutyrate），具有排泄物般發臭的腐敗氣味。測試儀會記錄病人吸入鼻中的氣流，計算每一次吸氣量，比較病人嗅聞有氣味鋼瓶與空鋼瓶時的吸氣輕重。如果兩者吸氣力道類似，這個病人的嗅覺幾乎確定已經受損。

如何改善嗅味能力？

視力障礙者有眼鏡可戴，聽力障礙者有助聽器可用，現在誰來為鼻力不佳的人製造一種人造裝置，幫助他們改善嗅味能力呢？

——《科普月刊》（*Popular Science Monthly*）

倘若感知與吸氣密不可分，那麼無法吸氣的人怎麼辦呢？最極端的案例是接受全喉切除術的人，這種手術將人的喉部切除，使上呼吸道與下呼吸道之間切斷。動過全喉切除術後，患者的喉部開了個孔，呼吸時得仰賴這個孔，而非透過鼻子或嘴巴，因此不能用鼻子吸氣，甚至無法運用聲帶說話。更慘的是，這些病人有百分之八十五出現嗅覺缺損，幸而有些人可以運用一種類似文雅呵欠的簡單動作稍獲彌補，換句話說，就像閉著嘴打呵欠。這種假吸氣的技巧可將空氣帶入鼻子（但不進肺裡），使得約百分之五十的病人得以在氣味測試中得到中等程度的分數。另外有種裝置稱為氣管造口閥（tracheostomy valve），可把呼出的氣向上導引通過聲帶、進入鼻道後部，使病人恢復說話的功能，同時改善嗅覺感知。

帕金森氏症也會導致吸氣不順，造成患者出現嗅覺喪失的症狀。由於帕金森氏症會影響運動動作，因此病患的吸氣動作又小又微弱。他們的吸氣狀況愈差，嗅覺測試的表現就愈差。其實缺損嚴重的患者只要用力吸氣，就能提升他們的測試成績。雖然一部分問題出在吸氣的物理動作，帕金森氏症患者也經常發生認知障礙，進而顯現在嗅覺測試中。事實上，嗅覺缺損即為帕金森氏症的初期症狀。

一九九六年，美國有項專利揭示一種用來治療嗅覺受損的裝置，狀似雙頭吸管，正中央有個設有單向閥的吸球。舉例來說，使用者把裝置的一頭放在一盤紅椒上方，擠壓吸球並放開，使其中充滿空氣，接著使用者把另一端放進鼻孔，再壓一次吸球，將吸球中充滿紅椒氣味的空氣擠進鼻子。這種裝置是一種艾斯帕式的自助式灌氣工具，可說是嗅覺障礙者的「助嗅器」。

灌進鼻中的氣流甚至會改善正常人的氣味感知。一九九三年首次推出的「鼻舒樂」（Breathe Right）鼻腔擴大器，是以增加鼻腔氣流的方式減輕打鼾症狀。次年，美式足球費城老鷹隊的華克（Herschel Walker）首度戴著它出賽，大家於是注意到，原來它也可作為運動輔助工具使用；華克這麼做是因為他感冒了。後來舊金山四九人隊的明星球員萊斯（Jerry Rice）起而效尤，「鼻舒樂」便成了運動員更衣室的必備用品，隨後更成為全美各地藥房的熱賣商品。

鼻腔擴大器放在鼻孔多肉部位正上方的鼻梁，從該處發揮類似彈簧的作用，防止鼻前庭的側邊於吸入空氣時向內塌陷。（鼻前庭是鼻孔開口部後方的空間，即摳鼻子時手指可伸入的外鼻部位。）測試結果顯示，配戴鼻腔擴大器會使氣味感受更強烈，可改善氣味辨別能力，並幫助配戴者察覺到更低濃度的氣味。這一切好處都是拜鼻子吸入更多空氣所賜。鼻腔擴大器會增加口中食物香氣的強度，然而弔詭的是，它會減損用餐時的愉悅感。

久入蘭室，不覺其香

吸氣這個動作，許多科學家遺漏了它，有教養的人也委婉地忽視它，然而我們產生氣味景致的心理映像之際，吸氣卻扮演關鍵性的角色。從飄著氣味的空氣中迅速取樣，乃受感覺與運動機能精準配合的交互作用所管控，許多個案都是改進吸氣就使嗅覺獲得改善。在艾斯柏著手打壓吸氣的七十年後，我們終於開始欣賞吸氣的價值。

正當大腦用吸氣來調節進入鼻中的氣味流之際，它也透過一種「適應作用」的程序，主動微調由氣味創造出的心理印象。大家都很熟悉視覺適應：從豔陽天剛走進暗房時，眼睛要花一、二分鐘來調適；從電影院走出日正當中的戶外則正好相反，剛開始陽光刺眼得教人受不了，後來便逐漸調適過來。嗅覺調適的運作原理也類似：初體驗一種新的氣味時，聞起來感受較為強烈，久而久之，氣味感將逐漸減退，更甚者，可能會有一段時間察覺不到氣味。

不過，這種現象實際上的重要性很容易被誇大。適應作用是一時的改變，並不會永久扼殺嗅味能力。香氣最終並不會消失無蹤，女士們買了價格不斐的香水，如果幾天之內就聞不出香味的話，香水工業老早就垮了。其實適應作用的程度取決於嗅味動作的本質。我所認識的調香師都強調，他們只要聞了五、六種香味，就會察覺到感覺變鈍了。對這些專業人士而言，真正的障礙是嗅覺疲勞。他們把約莫十二公分的長條狀濾紙浸入香水作為聞香紙，利用聞香紙為待測香水取樣。專業人士對著聞香紙很快地吸嗅一、二次，便將它移開，始終很注意不要聞過頭。

反之，業餘人士拿了聞香紙就往鼻子湊，而且吸個不停，這麼一來，鼻子非變鈍不可了。如此深呼吸，甚至只消一分鐘，馬上就會使氣味變得難以察覺。我在進行一項消費者嗅覺測試時，讓參與者依自己的正常步調吸氣，我發現他們都能輕易評鑑二十餘種氣味，測試成績並沒有明顯退步。這是因為他們要嘗試嗅聞那麼多種氣味，而且要快速給出孰優孰劣的評語（這是消費者與市場調查的典型目標）；與天天在相關樣本的微小差異間打滾的調香師相比，那樣快嗅快答大大減少了調適作用。一般人做一連串快速評判時，並不需要擔心氣味景象消失於視線之外。

適應作用五花八門

接觸一個氣味的時間愈久，你就愈能適應。剛踏進大蒜加工廠時，臭味排山倒海而來，幾分鐘後，氣味沒那麼重了，一小時之後，無論你多麼努力嘗試，可能都完全聞不出大蒜味了。而在那兒工作幾個月後，你只要一進工廠大門，幾乎馬上就能調適。我便曾在類似情況下忘了 *Safari* 香水的存在。我早年任職的公司專為時尚品牌洛夫羅倫（Ralph Lauren）開發香水，我們絞盡腦汁調製配方、進行穩定性試驗、調整顏色，還有其他數不清的瑣碎雜務，務必確保香水順利上市。當時整棟建築物都彌漫著 *Safari* 的香氣，工作幾週後，根本沒人注意到那氣味。

度了一段長假之後，我打開衣櫃、抓了件工作服，一股誇張的 *Safari* 氣味撲面而來。我的鼻子原本和工作場所相安無事，經過不到兩週的假期，工作場所的氣味又開始對我的嗅覺發動攻擊。同樣的，下水道清潔人員與養豬場主人也是拜長期間的適應作用所賜，才不會被臭味逼瘋。

適應作用是一條雙向道，當氣味源消失，鼻子的感度就逐漸恢復。復原的時程幾乎是適應作用的鏡像倒影。等你參觀完大蒜加工廠、走出戶外之際，復原作用隨即啟動。若你只在裡頭逗留幾分鐘，那麼只消幾分鐘即可復原；若待了幾個小時，你的感覺也得花上數小時才能完全回復。氣味強度也是適應作用的要素之一，氣味愈濃，你就得費更大的勁才能調適。在大蒜加工廠處理大蒜的樓層待上十分鐘，會比和滿嘴大蒜味的人交談十分鐘需要更多的調適。

適應作用對氣味也具有針對性。倘若你在大蒜加工廠上班，你的鼻子將選擇性地對蒜頭味關門，但對於玫瑰、酸乳、啤酒及其他不似大蒜的氣味，你的感度將不受影響。當調香師試著比對兩種香精時，偶爾會使適應作用縮窄範圍；在比較目標物與調製品的最後一步，調香師會先吸個過癮，直到完全適應，然後再聞目標物；此時腦部已將剛才那氣味的特徵過濾得一乾二淨，接著只要有一丁點的差異都會凸顯出來。

無論是任何感覺系統，適應作用都是一項有用的特徵，讓我們有能力察覺出刺激物之間的微小差異，而不受整體強度的巨大變異所左右。正如聽覺適應作用讓我們可以邊聽搖滾演唱會、邊講悄悄話一樣，嗅覺適應作用也會因應各種背景狀況，不斷修正我們的鼻子，同時選擇性地把新氣味調整成背景，轉移我們的注意力，好應付下一個可能悄悄襲來的新氣味。

操弄嗅覺的專家

一八九九年，在美國懷俄明大學的講演廳裡，化學教授史拉森（Edwin E. Slosson, 1865-1929）在課堂上把學生們耍得團團轉。他號稱要實際示範氣味在空氣中的擴散現象，說著便從瓶子裡倒出一些液體，灑在一團棉花上，並作勢將棉花拿得離鼻子遠遠的。他啟動碼錶，並告訴學生只要一聞到味道就馬上舉手。他在紀錄中這麼寫著：

等候結果之際，我說，我相當肯定在座各位從未聞過我倒出的化學物質，並表示他們可能會覺得那氣味又嗆又怪，希望不會造成任何人過度不適。十五秒之內，前排學生大多舉了手。四十秒之內，那股「氣味」已經蔓延到講堂後方，所經之處，學生舉起的手形成漂亮而規律的「波前」。在場約四分之三的學生宣稱察覺到氣味，而在頑固的少數份子中，男生的比例高於全班平均值。再過一會，應該有更多人屈服在我的暗示之下，但時間屆滿一分鐘時，我不得不中止實驗，因為此時已有部分前排學生受不了、即將奪門而出了。

史拉森的實驗鮮活地呈現出嗅覺暗示的力量，因為他手中那團棉花球裡除了水以外，什麼也沒有。

操弄心理產生的有趣結果

一九七〇年代末，感覺專家奧馬赫尼（Michael O'Mahony）把這個現象重現在觀眾眼前。在一部關於味覺與嗅覺的紀錄片拍攝期間，他對觀眾展示一具電子裝置，聲稱能夠運用「拉曼光譜」捕集與散播氣味。他用這部機器播放一段十秒的音調，宣稱能引起「宜人的鄉村氣息」，並邀請觀眾叩應到現場，或寫信描述所聞到的氣味。觀眾熱烈回應，有人宣稱聞到新割的乾牧草味，也有人聞到剛修剪過的草地味、薰衣草、金銀花等。奧馬赫尼後來在英國廣播公司（BBC）的廣播節目又玩了同樣的把戲，這回他用的是號稱人耳聽不見的「超高頻音調」，其實壓根一點聲音也沒有。結果有些聽眾表示在該「音調」播放之際，他們嗅到了氣味。

史拉森與奧馬赫尼的絕妙演出很逗趣，也對主導嗅覺研究的科學家提出了嚴肅的質疑，因為這些表演顯示，只要預期會聞到氣味，就能觸發氣味感知。因此，純粹的心理預期可能具有如真實氣味般的效果。對研究人員而言，問題在於：我們怎能確定氣味實驗的結果是由氣味所致，而非基於對該氣味的心理預期呢？所以我們需要嗅覺安慰劑，那是一種試驗情境，使人們在實際上沒有氣味的狀態相信有氣味存在。若要真正發生效果，氣味引發的效應必須勝過安慰劑效應。

這正是我先後與奈絲可（Susan Knasko）與沙比尼（John Sabini）合作的一項研究背後的論據；奈絲可是我在莫耐爾中心時期的博士後研究員，沙比尼則是美國賓州大學心理學教授。我們朝空氣中噴灑水霧，並告訴人們剛噴的霧氣具有氣味，但測試室其實始終保持無味狀態。人們若得知剛噴灑的氣味不好聞，稍後便覺得房間聞起來臭臭的；獲知氣味不錯的人則會喜歡房間的氣味；當我們稱氣味「不好不壞」時，所產生的結果介於兩者之間。有趣的是，頭痛與皮膚癢這類生理症狀，也會受「香氣」與「臭氣」所影響。我們的研究率先在實驗室中確認，暗示的力量本身即可產生類似嗅覺的效果。

心理學家道爾頓（Pamela Dalton）與同事將此一結果發揚光大，證實心理預期會改變對真實氣味的感知。她徵求自願者進入一間測試房間，在不香不臭的氣味中坐上二十分鐘。有的受測者不會得知有關氣味的任何資訊，其他受測者得知裡頭的氣味是某種可能有害的工業化學物質，也有人得知那是經過蒸餾純化的天然萃取物。說穿了，實驗條件就只差在「操弄手法」而已。

測試結束時，三組受測者的氣味感測門檻都提高了；他們的鼻子適應了真實的氣味而變得遲鈍。然而，他們對氣味強度的感知卻因操弄手法而異，正向操弄或毫無操弄時，氣味似乎會隨著時間逐漸淡化；負向操弄時，氣味聞起來只會更濃。換言之，我們若認為氣味是良性的，其存在感會減弱，但若相信氣味是有害的，就會持續引起我們的注意，而且濃度不減。

其實氣味是好是壞，或許根本無關緊要，操弄手法同樣能夠改變這些認知。道爾頓測試了宜人的（冬青油）、擾人的（丁醇，類似溶劑的氣味）及中性的（乙酸異冰片酯〔isobornyl acetate〕，調性近似鳳仙花）氣味，而負向操弄使得三類氣味聞起來都更濃了。資訊偏差有效地扭曲了我們感受到的明確證據；在腦子與鼻子的角力中，腦子輕而易舉占了上風。

偏差的資訊若非從穿著白袍的權威人士口中透露出來，也會產生同樣的效應。道爾頓曾經讓兩個人同時進入一間環境模擬室進行測試，其中一人為一無所知的自願者，另一人則是喬裝出無知模樣的演員，按照精心設計的腳本行動。演員不斷透過言語及行動，表達他對空氣中的氣味有何感受，這種一對一的碎碎唸攻勢收到極佳的效果。當操弄方向為負面時，百分之七十的自願受測者表示出現健康上的症狀（從喉嚨痛、頭暈目眩到胃痛）；正向操弄時，只有百分之十二的人會如此。空氣中只要有氣味，不管是什麼氣味，熟人都能把你講到渾身不舒服。

一般公認，氣味的力量絕大部分是由暗示的力量衍生而來。負面安慰劑效應有可能使「致病建築症候群」症狀惡化（例如你相信辦公室的霉味是一種毒黴菌所致），而正面安慰劑效應則是芳香療法普及的原因。芳香療法最大的訴求就在於有益的心境轉換。例如，薰衣草常為人稱道的是能令人放鬆，橙花醇則使人亢奮。近期有一項研究顯示，正向操弄可以完全反轉這兩種氣味的芳香治療效果。當人們嗅著薰衣草、一面被告知薰衣草「具有令人放鬆的特質」時，透過心率變化與膚電測定，可看出人們確實放鬆了。不過，當被告知薰衣草「具有令人亢奮的特質」時，同樣的測定……嗶！人們居然了亢奮起來。用橙花醇也看得到相同的反轉現象。說實在的，若要使芳香療法引起正向安慰劑作用，不過是舉手之勞。

操弄的效應經常在日常生活中上演。曾有一組挪威空中救難隊在飛航途中，注意到有股類似甘藍菜的氣味飄來，以為是他們運送的病患放了屁，因而不以為意。當天稍晚的另一趟航程中，那氣味再度出現，機組員感到困惑不已；連續兩名患者都這麼誇張地放屁，實在不太尋常。不久之後，駕駛艙竄出了火舌，機長不得不緊急迫降。那股類似放屁的氣味其實是電線皮悶燒所致，機組員滿腦子救人，壓根沒想到是機械問題，而先入為主的預期心理使他們誤解了鼻子所傳達的訊息，險些令他們萬劫不復。

氣味並非只是進入被動的鼻子裡，大腦還會主動調整嗅覺感知的生理及認知層面。它時時刻刻都在施行吸氣調節，管制氣味進入鼻中的量；它有系統地將一種氣味的強度調低，讓我們準備好迎接後續的氣味；它還會基於情況與線索，自動針對氣味做暫時的詮釋，使我們準備好做出行為反應。從吸嗅到操弄，鼻子與大腦不斷重塑我們所體認的氣味景致。

第五章

鼻子嘴巴哥倆好

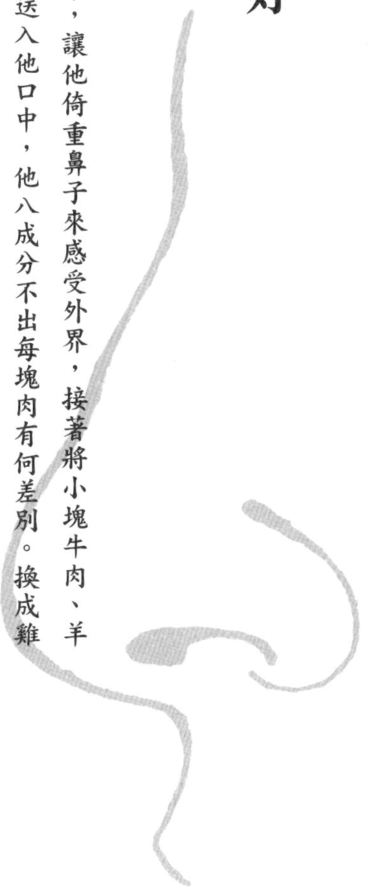

把一個人的眼睛蒙起來，讓他倚重鼻子來感受外界，接著將小塊牛肉、羊肉、小羔羊與豬肉相繼送入他口中，他八成分不出每塊肉有何差別。換成雞肉、火雞肉與鴨肉，或是杏仁、胡桃與榛果，也會得到同樣的結果。

——芬克（Henry Theophilus Finck, 1854-1926）

當話題與食物一沾上邊，我就成了嗅覺沙文主義者：味覺實在很無趣啊。舌頭提供的資訊管道只有區區五種：酸、甜、苦、鹹及鮮味。（多年來，我的日本同事們堅稱味精所引發的不只有鹹味感。味精的成分為麩胺酸鈉，一九九六年有人發現舌頭上有麩胺酸受體，日本同事們的論調終獲證實。鮮味的可口現已正式占有一席之地。）儘管五種味覺管道不容小覷，然而嗅覺涉及三百五十種不同受體及二十多類感知範疇，相形之下，味覺就不夠看了。

我之所以認為味覺被高估了還有另一個理由。我們習慣把口中體驗到的風味當成單一感受，因此不經意地將「口味」與「風味」二詞混為一談，這麼一來，我們很容易就忘了風味其實是口味與氣味交融的結果，也常忘了風味其實並非三言兩語即可道盡，只不過我們誤以為它很單純，而語言有時也會加重這種狀況。許多語言用來表示口味與風味的字都只有一個，例如西班牙文的「sabor」、德文的「geschmack」與中文的「味」。我認為舌頭受到過度讚美。

嗅覺對風味的貢獻遠大於味覺，只要抽掉嗅覺，這點便顯而易見。將鼻孔捏住，食物的風味即不復存在，剩下來的正如一百多年前美國哲學家兼評論家芬克所言，只同味如嚼蠟的雞肋，魚子醬吃起來像鹹粥，咖啡只是苦水一杯。這個真相明確有力，卻被那些主張嗅覺不夠重要且對現代人可有可無的人們所忽視。例如科普教父、天文學家薩根（Carl Sagan, 1934-1996）曾說：「在我們日常生活中，嗅覺扮演的角色顯然微不足道。」《科學文摘》則稱：「除了檢查爐中燒得正旺的烤肉，或者徜徉玫瑰叢中享受芬芳，現代人鮮少用到嗅覺。」

性學先驅艾里斯對嗅覺也抱持類似的輕蔑態度，因而試圖壓縮嗅覺在風味中的角色：「嗅覺若是全廢了，人類的生命仍將運轉如昔，幾乎看不出顯著改變，雖然生命的樂趣會有一定程度的減損，尤以飲食為甚。」我們不願猜測，究竟是何種狹隘沉悶的內在心靈能使人寫出這類文字。總之芬克已讓真相大白，我們之所以能享受美食，嗅覺居功厥偉。單憑這點，嗅覺便值得傳頌。

芬克在他的散文〈氣味的美食價值〉描述一種獨特的嗅味方式，我們以之增添食物的風味。他指出，口中食物散發的香氣是經由咽喉後部到達鼻道，並透過鼻孔呼出，而吞嚥動作驅使香氣朝此路徑行進。實際上，我們嗅聞到食物的氣味是由內而外，如今稱為鼻後嗅覺（retronasal olfaction），但我個人偏好芬克為它取的名字「第二嗅味途徑」（second way of smelling），使它獨立於一般以鼻孔為主的嗅味模式。鼻後嗅覺已然成為感覺科學家之間的熱門話題，近來的發現也確認芬克的直覺：第二嗅味途徑以其自成一格的感覺規則而運作。

嗅覺與味覺互相影響

通往鼻子的兩種途徑（一從外界，二從口中）在嗅覺感知的心理學層面具有相似之處。氣味的表觀位置（體內或體外）決定我們感受它的方式，心理學家羅辛用一項簡單的實驗證明了這點，他教人們辨認四種罕見果汁的氣味，受試者蒙著眼對樣本吸氣，很快就學會準確無比地分辨這些果汁。等羅辛以注射器將同樣的果汁樣本注入受試者口中，他們竟無法確實辨識這些樣本。用鼻子聞時瞭若指掌的氣味，到了嘴裡卻難以辨認。羅辛因此聯想到，氣味所在的位置茲事體大：食物「在外」聞起來一個樣，「在內」聞起來則是另一個樣。由外而內和由內而外的嗅味方式與來自舌頭的味覺結合之際，其間的心理差異會產生奇怪的對比，使得有些食物聞起來芬芳但不可口（例如咖啡），其他的則難聞卻可口（例如藍紋乳酪）。

心理學家傑娜（Debra Zellner）則研究一種奇特的知覺錯覺，涉及視覺與嗅覺。她將一種有氣味的澄清液體倒入兩個玻璃杯，並在其中一杯加入顏料。對蒙住眼睛的人而言，兩者聞起來濃度相當；脫下眼罩之後，加了顏色的樣本聞起來較濃。在這種顏色與氣味的錯覺中，一向都是用鼻子嗅聞液體，傑娜則很好奇，氣味若是透過嘴巴傳遞會發生什麼狀況？她讓人們以吸管啜飲樣本，杯子加了蓋，阻絕氣味進入鼻孔，而液體在透明蓋子下方一覽無遺。在這樣的條件下，受測者產生相反的錯覺：加了顏色會使感受到的氣味強度降低。

嗅覺與味覺在風味感受中總是形影不離，因此兩者會相互影響，例如有的氣味常以味覺用語來描述，例如蜂蜜聞起來「甜」，醋聞起來「酸」。澳洲心理學家史蒂文森（R. J. Stevenson）等人已證實，透過聯想學習的方式，氣味可以獲得味覺的特質。一股新的氣味與蔗糖的甜味搭配數次之後，聞起來便有甜的感受，若與檸檬酸搭配，聞起來彷彿就是酸的。這種「跨知覺」的連結也能反向運作，亦即嗅覺也可以改變味覺，例如草莓的香氣會使一杯淡糖水嚐起來比較甜，醬油的氣味則會提升鹽水的鹹味感。

感覺研究者才剛開始了解嗅覺與味覺之間的心理交互作用，他們現正觀察這些感覺在大腦中如何透過神經彼此連結。對我這種嗅覺至上的傢伙來說，味覺的研究即將變得有趣多了。

遠古時代的烤肉大會

肉食動物絕少慢慢品嚐食物，牠們總是狂扒猛啃、狼吞虎嚥。而草食動物連續咀嚼數小時之久，其實不為享受美食，而是要把堅韌多纖的植物嚼到可以下嚥的程度。相對之下，人類會先料理食物，接著細細品味，最後齒頰留香。我們靠著烹調與添加佐料，不遺餘力地提升食物的色香味。「第二嗅味途徑」不只帶給我們用餐的樂趣，可能還攸關從古至今人類的嗅覺如何成形。

文化人類學與社會學界研究者已習於將「食物準備工作」當做文化的表現，認為這是受到習俗與創造力所驅使的行為。而新一代行為導向的演化論學者，則開始質疑這個完全不帶生物色彩的觀點，例如美國哈佛大學人類學家藍翰（Richard Wrangham）認為，烹飪並非可有可無的行為（一種文化點綴），而是人類生存的生物需求。他考查許多證據，發現「迄今尚未有任何人種完全脫離烹煮食物而活」，就連以茹毛飲血聞名的北極伊努特人❶，偶爾也會烹煮鯨脂為食。

人科動物（與人類相近的物種，包括黑猩猩在內，這些物種將你我連結到共同的始祖）顯然從二十五萬年前即已用火烹煮食物，而藍翰發現的煮食證據可大幅回溯至七十五萬年前，他並推測煮食行為可能遠從一百七十萬年前即開始出現。無論如何，當我們現代人的祖先於約莫十萬年前出現在非洲大陸之際，用火煮食的習慣早已根深柢固。長年以來，已經有無數的古生物成了我們的盤中飧。

烹飪的發明對飲食與社會行為都具有舉足輕重的重要性。烹飪讓食物所含的營養素釋放出來，並使蔬菜更好入口，也更容易消化。藍翰計算出，體重約五十五公斤的女性一天攝取熱量二千卡，則必須生吃蔬果約五公斤。這份特大號生菜沙拉可不是一時半刻就可以全部吃下肚呢。臨床研究顯示，德國崇尚生食者在營養素的攝取方面往往不及該國的國人平均水準，於是常患有慢

❶一般稱加拿大極區與格陵蘭的原住民為愛斯基摩人，但這個稱呼帶有指他們「茹毛飲血」的貶意，他們則稱自己為伊努特人，在他們的語言是「人」之意。

性的能量不足症，女性則出現月經失調。歐洲人的工作大多不離辦公桌，而且超市隨處可見，要是他們尚且不堪長年吃生菜度日，那麼一群東奔西走的古代獵人與採集者該如何是好？

補充肉類，即可補強飲食的不足。野生黑猩猩最愛吃猴肉，但即使牠們的下顎強而有力，要從骨頭把生肉啃個精光，也得花上好幾個小時；就這點來看，生肉並不是黑猩猩的日常營養來源，而早期的人科動物似乎也是如此。根據藍翰的計算，雌性的直立人（與我們是演化之路的近親）一天可能需花費六小時吃生肉，才能獲取一日所需的熱量。然而煮熟的肉可就不同了，肉煮熟後營養密度高、容易咀嚼，又能迅速消耗。烹飪所省下的時間，改變了我們的行為模式。趁著其他大型靈長目動物一天到晚忙著啃食生鮮水果與樹葉之際，我們一口口吃著肉，保留更多時間進行其他活動。

烹飪在早期人類之間廣為流行，意謂著強有力的下顎肌肉與碩大的牙齒已不再絕對必要，而隨著演化優勢的喪失，它們也就逐漸萎縮。過去十萬年間，我們的牙齒與下顎肌肉變得較小，得以細膩地控制舌頭與下顎的咀嚼動作。現代人的嘴更加靈巧，讓食物更容易下嚥，並在咀嚼過程中釋放出更多香氣。長遠而言，烹飪幾乎改變了我們的臉形。

烹飪的香氣無法擋

烹飪同時也改變了我們的感官世界，不但引進嶄新的香氣分子，也引進全新的氣味類別。我們從更新世開始懂得生火烤肉，在此之前，烤肉、烘堅果、炒蔬菜的美味都是罕見的意外之喜。

約近一萬二千五百年前，小麥與其他穀物的栽種帶來了更多新的氣味（烤麵包、玉米濃湯）。到了約一萬年前，綿羊、山羊、豬與牛全都被人類馴服，牛油味、酸奶酪與乳酪發酵的香味隨之而來。隨著早期聚落居民的發酵技藝精進，醉人的酒香也進入了我們的生活。

我們是吃熟食的物種，近在眼前的餐點氣味深深融入我們的生活規律之中。食物的香氣是行為的誘因及驅策力，甚至在咬下第一口之前，就已經觸發了一連串複雜的生理事件：分泌唾液、胰腺釋放胰島素、分泌各種消化液。經證實，培根的香氣即使微弱到無法察覺的程度，也足以令人口水氾濫。食譜作家柏德（James Beard）對此應不意外，他曾說：「早晨煎培根的醉人香氣無與倫比，或許只有煮咖啡的芳香差可比擬。」我們也期待能持續不斷受到餐點的刺激，烹飪所散發出令人期待的氣味，幾乎已成為一種生物上的需求。這使得冷凍食品製造商大感頭痛，微波加熱基本上無法如煎煮炒炸般向我們發出「食物快要可以吃了」的氣味訊息，於是食品公司投注大量時間與經費尋求技術對策，以找回這些失去的氣味。

加入香料，美味滾滾來

除了烹煮食物，我們也加以調味。使用香料是全人類共通的習慣，儘管所用的香料種類及香料的調和方式具有顯著的地域差異。什麼樣的東西夠格稱為香料？其中一種定義是：「任何乾燥、芳香、馥郁或辛辣的蔬菜或植物食材，呈整體、搗碎、磨細形態，可以提升風味，其用於食物的主要功能在於調味而非營養，為食物或飲品增添滋味或辛辣感。」植物的根、種子、乾葉、甚至具有香味的地衣都符合此一定義；若連新鮮藥草也算入，可用材料就更多了。

香料種類繁多，但正如世上眾多可能的氣味一樣，你瞧得愈仔細，就愈能簡化這種多樣性的表象。世上每一個偉大烹飪傳統的核心，都只有一小群香料與調味品。調香師會把這些組合想成一種香調，也就是將香水風格定調的關鍵成分。新銳美食專家蘿津（Elisabeth Rozin）稱這些組合為「調味法則」（flavor principle）：「每一文化皆傾向於組合少數幾種調味成分，使用之頻繁與執著，使它們在該種特色佳餚占有舉足輕重的角色。」

蘿津只要用上兩、三樣關鍵調味品，就能完整呈現出一個文化的特色風味，她很少需要用到超過四種。例如醬油、米酒及薑形成中國風調味法則，匈牙利風則由辣椒粉、豬油與洋蔥所構成。無論烹煮的是什麼食材，珍愛又熟悉的調味法則皆為各個民族賦與信賴感。未來探索外太空時，只要將海藻糊製成的太空食物調理包以辣椒粉、豬油與洋蔥調味，匈牙利太空人就會覺得十分美味可口。

有的香料是許多不同文化的共通調味料。一種調味法則之所以與眾不同，在於其獨有的調味組合。舉例來說，檸檬是一種泛用的香氣來源，加上肉桂、牛至草與番茄就成了希臘風，而加上魚露與紅辣椒則成了越南風。眾家調味法則有許多成分大量重疊，表示我們只需要一張短短的購物清單，便足以做出地球上的每一道傳統佳餚。蘿津在她書中敘述約莫三十種調味法則，所需的材料不過四十餘種。要把世界飲食文化的所有風味統統裝起來，只要一個購物袋就夠了。

蘿津關於食物香氣的理論，有人覺得把人類烹調的豐富度講得過於精簡。其實那些人未能體會排列組合的威力，這使我們得以運用少數基本的香味元素，就能創造出不可勝數的各式風味。美國芝加哥名廚查特（Charlie Trotter）身兼餐廳老闆與大廚，他深知箇中道理。他表示：「用六種調味料就能變出四十道菜餚。」查特將創意料理比做即興演出的爵士樂，烹飪基本功（正統的風味組合）很扎實的廚師只消用上少許香料，即可源源不絕地即興創作出嶄新的佳餚。

於是，廚師與化學家皆觸及了相同的基本真理：感覺的多樣性僅由相當少數的成分即可達成。化學家運用不到一千種氣味分子，就能重現任何一種食材的香氣；廚師僅以數十種香料，就能端出世上任一道佳餚。人類的料理所呈現的驚人多樣性，乃是基於基本的主旋律與無窮的變奏，在美學層次如此，在化學層次亦然。

香料有助消滅細菌

有此一說，飲食習慣的所有變化都與文化有關。有一位科學家重新思索這個說法，他是美國康乃爾大學演化生物學家薛曼（Paul Sherman）。薛曼研究香料的使用與人類生存的關聯性，他和研究夥伴碧琳（Jennifer Billing）都對一件事頗感好奇，即香料常具有抗菌性質，它們含有消滅細菌與黴菌的天然化學物質。煮菜時加入香料的用意，莫非是為了減少腐壞及飲食相關疾病？為了驗證他們的想法，薛曼與碧琳從三十六國收集了九十三本食譜，從中選取四千五百七十八種以肉類為主的料理，並鉅細靡遺地記下每道料理用了何種香料。

全世界幾乎每一道肉類料理（百分之九十三）都用了一種以上的香料，不過統計結果因一國的氣候而異：每道料理所使用的香料數目，隨年均溫的升高而增加。例如在芬蘭與挪威，有三分之一的料理完全未使用任何香料；反觀衣索比亞、肯亞、希臘、印度與泰國，每道料理必定用了至少一種香料。

薛曼與碧琳做了其他統計分析，發現年均溫與料理含有香料的比例、使用香料的總數皆有關聯。由於未冷藏的肉類在溫暖氣候下較快變質，使用較多香料也許意謂著比較免於腐敗。薛曼與碧琳檢驗了各種香料的抗菌能力，發現愈熱的國家愛用的調味料所抑制的細菌種類愈多。他們推論，我們之所以使用香料，固然是由於它們的好滋味，但這麼做也使食物遠離病原體，因而提供人類維持健康的生物優勢。（他們一度想過，香料是否可能用來掩蓋食物腐壞的異味？但旋即打消這個念頭，因為鼓勵人們吃下毒素對生存並無助益。）

薛曼與碧琳如流水帳般記載了數千種以肉類為主的料理，他們發現使用最普遍的香料為洋蔥（占所有料理的百分之六十五）與胡椒（百分之六十三），其次依序為大蒜（百分之三十五）、辣椒（百分之二十四）、檸檬與萊姆汁（百分之二十三）、香菜（百分之二十二）、生薑（百分之十六）與乾月桂葉（百分之十三）。另有三十五種香料只是偶爾出現（占所有料理的百分之十以下）。他們發現，世界上絕大多數的調味只用四十餘種香料便可達成，這個數目與蘿津估計全球料理購物清單的長度十分接近。再者，肉類料理平均需要用上三點九種香料，這個數字亦與蘿津的調味法則概念十分吻合。

薛曼回頭分析他所收集的其他二千一百二十九種料理，這次只看蔬菜料理。相較於肉類料理，蔬菜料理所用的香料較少（平均每道料理用二點四種）。這些結果同樣支持抗微生物的假設：氣候愈熱，所用的香料愈多，不過在蔬菜料理所呈現的關聯性稍弱。為何如此？因為蔬果於上架前都預先經過包裝，已採取物理及化學防護措施以收抗菌之效，相對也減低了香料對健康所產生的效益。

嗅覺的演化

烹飪與調味是具有生物學重要性的行為適應作用，不僅塑造了我們的臉形，也使得經口產生的嗅覺具有鮮明的人類特性。聽起來或許匪夷所思，加調味料煮菜甚至改變了我們的生物特性核心：我們的 DNA。

常有人說，一個物種的 DNA 密碼可當成一部書來讀；果真如此，則有的生物學家把它當成報紙的體育版來讀：他們將氣味受體基因的總數加起來，再把我們人類對照其他物種加以排名。大鼠在哺乳動物聯盟領先群雄，具有最多的有效受體基因，狗與小鼠以幾場勝差緊追其後，黑猩猩與人類爭取外卡出線的機會，而海豚（水生動物的擴編隊伍）則墊底。

光從靈長類動物來看，人類具有的無效受體基因比例最高；我們在基因閣樓裡堆放了大量過時的垃圾。表面上，人類的鼻子看似疲弱（受體較少），而且愈來愈弱（以四倍於其他高等靈長類的演化速度喪失受體基因），有些人將此視為「不用則廢」之一例，科學作家韋德（Nicolas Wade）即為其一，他認為「文明的代價，在於嗅味能力退化之勢不可擋」。韋德陰鬱的論調不盡然理直氣壯。人類持續演化，遺傳學家已找出我們基因組的熱點，即具有生物機能、不斷誕生新基因的區域，嗅覺即為此類熱點之一。過去五千至一萬年間，嗅覺受體基因連同飲食與代謝相關基因，一向較其他任何生理系統的基因演化得更快。一項新研究發現，人類的嗅覺本領有許多變化可能是最近才發生的，此處所稱的變化係指有益的基因突變，後來成為全人類的必備特質。

人類基因組會迅速回應文化上的轉變。例如，我們的老祖宗在斷奶後不久，體內的乳糖吸收基因即停止作用。隨著酪農業的興盛，如果有人體內該基因直到成年仍保有活性，則歷經天擇作用時較受青睞。在演化的淘汰賽中，能夠食用乳製品是一項絕佳的優勢，成人的乳糖吸收能力因而在五千年內成了廣為流行的特質，所費時間在演化長河中不過一瞬間。我猜想，過去曾經有一段充裕的時間，讓熟食的香氣以類似的方式影響我們一身的氣味受體。我們的腸胃既然能為了消化乳製品而演化，那麼鼻子有何理由不能為了欣賞乳酪、奶油和酸奶酪的氣味而演化呢？

在最近一段演化期中，我們已經演化出一整套黑猩猩（與人類親緣關係最近的生物）所沒有的氣味受體。有一種可能性頗為引人入勝，就是這些新受體是用來偵測新的氣味，即直到最近才變得對人類的生存具有重要性的氣味。這是我一廂情願的猜測，不過我敢打賭，這些受體可以挑出燒烤肉類的細微差異（如鮭魚排與乳齒象肉排），也能分辨發酵作用的揮發性物質，不只乳製品，尚包括啤酒乃至葡萄酒等酒精飲品。在日常生活中，我們將食物做了調味以取悅自己的味蕾，但長遠來看，我們的味覺是為了配合我們的菜單而演化。

我也懷疑狗在整件事參了一腳。狗最早是在一萬五千年前左右的西伯利亞為人類馴養，正值人類由狩獵採集的生活方式轉變為定棲群居之際。我們祖先把愈來愈多心思放在鍋碗瓢盆間複雜的人造香氣，於是開始仰仗獵犬找出獵物的味跡。有了狗鼻子助陣，我們自身的氣味追蹤能力開始消失。實際上，狗兒成了我們的長距離鼻子，而我們則專攻口中食物的近距離嗅覺。

狗鼻子與人鼻子的功能剛好彼此互補：狗的鼻後嗅覺能力很差，但遠距探嗅能力極佳，人類恰相反。（我找不到探討犬類鼻後嗅覺的單一科學論文。根據寵物食品製造商的講法，狗會先嗅一嗅，然後狼吞虎嚥；牠們可不會花時間細細品味口中的食物。）美國耶魯大學神經生物學家薛佛認為，鼻後嗅覺「為人類帶來比非人靈長類及其他哺乳類更為豐富的氣味饗宴。」我會更進一步聲稱，人類就是鼻後型物種；我們將最優的嗅覺技能留待用餐之際，好好鑑賞食物的香氣。我們的專長是嗅聞口中的食物，而非掌中的食物。如果要在大草原追蹤蹬羚的氣味，我們壓根不是獵犬的對手，不過一旦把場景拉回篝火之前，管它是啥，我們肯定都能灑上調味料烤了吃。

不同文化之間的香氣藩籬

世界各處的文化選用的香料也許大同小異，但不保證做出料理的色香味彼此雷同。香氣標示著文化之間的差異，以及必須背負的道德包袱。有一集《南方四賤客》卡通，情節是一夥人前往哥斯大黎加實地考察，帶隊的史蒂芬小姐訓斥阿ㄆㄧˇㄚ：「此刻請尊重其他文化！」阿ㄆㄧˇㄚ回道：「我沒有批評他們的文化，我的意思是他們的村莊聞起來像屁。」不是只有南方四賤客那票小學四年級的傢伙會口無遮攔、抹煞文化之間的差異，法國總統席哈克在當選總統之前的巴黎市長任內，曾說「又吵又臭」的移民家庭白吃白喝，一定會將勤勉的法國人推到刀口邊緣，結果惹了一身腥。他趕緊補充一句：「我不是種族主義者。」還頗有阿ㄆㄧˇㄚ之風呢。

氣味偏見並非歐洲人的專利。美國女作家賽珍珠（Pearl Buck, 1892-1973）的小說《大地》中，中國農夫王龍遷居另一地時，他身上那股氣味使他被貼上外來者的標籤：「這個老實人帶著一身飄散不去的大蒜味到來之際，人們把鼻子抬得老高，大聲嚷嚷：『這會兒來了個綁辮子的臭北方佬唷。』他想到布店買塊藍棉布，那身大蒜味一進門，掌櫃就把布價翻了兩番，用賣給外地人的高價賣給他。」

人類學家告訴我們，嗅覺的刻板印象是族群認同的核心。例如，哥倫比亞的亞馬遜河流域雨林住有一個迪撒那族（Desana），族人相信每一個部落都有其代表性的氣味，部分是遺傳所致，部分與飲食有關：「於是，以狩獵為生的迪撒那族據說散發著下肚野味的麝香氣味。另一方面，與他們鄰近的塔普亞族（Tapuya）靠漁撈為生，想必渾身魚腥味。還有附近過著農耕生活的圖卡諾族（Tukano），據說聞上去盡是田裡種的蔬菜根莖葉味。」

傳統蘇格蘭家族則有不同的詮釋方式。蘇格蘭格紋布尚未發明前，每個家族都有一種代表性植物，家族成員佩戴為芳香識別徽章。有生意頭腦的嗅覺科學家正嘗試行銷家族風味的香水，將這種概念重新引進我們的生活。有人要來點越橘香水嗎？

在不同文化之間，食物氣味形成了一道隱形的香味藩籬。有一項研究不遺餘力地證明一件事：日本人聞鰹魚片像食物，德國人卻無法苟同，而杏仁糖在他們之間則相反。也就是說，你會吃你從小吃到大的東西。該研究最讓人拍案叫絕的結果是，受訪的德國女士聞了一種叫做 Vicks VapoRub ❷的藥膏氣味之後，有百分之四十的人覺得那好像可以吃。

香氣的藩籬會將我們侷限於自身文化的食物香氣嗎？倒也不盡然，但跨越藩籬有一定的危險性，這在印度作家雅哈（Radhika Jha）的小說《氣味》（*Smell*）有精準的描繪。一位在肯亞出生的年輕印度女性莉拉，被送去與在巴黎開印度雜貨店的親戚同住，開場白即呈現香氣的針鋒相對：「那年春天不時狂風大作，剛出爐法國麵包的氣味搶進馬德拉斯食品雜貨鋪，準備與柳條籃與混合香辛料的氣味一決雌雄。」莉拉對氣味有著纖細的感覺，也很擅長運用傳統印度香料煮菜。等她熟悉了巴黎的生活方式，便隨興所至創作出新的料理，並為她的感情生活與職業開啟新的可能性（她結交了法國情人，並成了巴黎無國界料理界的寵兒）。最後，莉拉終究明白，那令她與眾不同又有魅力的氣味也讓她變成局外人。身為作家，雅哈對氣味在人與人之間劃清界線的力量有著異於常人的感受，或許由於她自己曾住過巴黎當交換學生的緣故。藉由一位女性如何運用氣味重新定義她和兩種文化之間的關係，她證明香氣的藩籬是可能被打破的。

食物氣味作為文化象徵

有些食物香氣築起的藩籬則是高不可測。例如，你若不是瑞典人，可能寧死也不願嚐一口鯡

❷一種類似面速立達母的藥膏，涼味稍淡，用來舒緩感冒的鼻塞症狀。

魚醃（Surströmming），鯡魚醃是一種發酵過的鯡魚，就連奉之為「瑞典國寶級珍饈」的人亦覺得奇臭無比。

另一項斯堪地那維亞半島的特產是鹼漬鱈魚（lutefisk），做法是將風乾的鱈魚以水浸泡數日，再用苛性鹼溶液泡上兩天，最後再浸上幾天白開水，就成了一坨果凍般鼓脹的臭魚肉，在挪威以及美國明尼蘇達州與威斯康辛州的挪威裔聚居地可是受歡迎得很呢。美國名廣播人兼作家寇勒（Garrison Keillor）回憶鹼漬鱈魚「是一道噁心的凝膠狀魚類料理，口感像肥皂，發出的氣味連山羊聞了都會吐。」然而，只要你自認是正宗挪威人，則每年至少要吃上一次。挪威人的腦袋沒有壞掉，他們曉得鹼漬鱈魚不好聞，但為它訂了特別的免責條款：他們已使鹼漬鱈魚成了歸屬感的象徵。

心理學家布朗（Donald E. Brown）編列了一份各文化通行模式的清單，涵蓋音樂、俗諺、迴避亂倫、葬禮等事物。我想幫這份通行清單增列新項目：每一個文化都有一種奇臭無比的食物象徵著族群認同。不吃臭豆腐（一塊塊發酵的豆腐），你就不是正港台灣人；不吃冰島的腐敗鯊魚肉（harkarl），你就不能算是真正的冰島人；正宗日本人吃納豆（一團黏呼呼的發酵黃豆，聞起來像木材防腐劑）；接著是東南亞有臭到不行的榴槤或波羅蜜，新加坡人愛吃其內部甜嫩的果肉，但將它攜入大眾運輸工具是違法行為。

我個人超愛吃泡菜，那是韓國的代表性配菜，由發酵的白菜、醋、蒜、魚露與大量紅辣椒製成。它可是嗆得很呢，我冰箱裡頭就曾爆掉一瓶。它的後勁十分驚人，幽默大師歐洛克（P. J.

O'Rourke）如此形容：「眼鏡上的霧氣都是呼出的泡菜臭氣，打嗝出來的泡菜味燒灼著喉頭，恐怖的是，泡菜屁會把褲子爆開。」

全球走向氣味平淡化

如今，美國身處於一場大規模的感官再覺醒運動；美國人對於新的食物、新的風味與新的氣味，比歷史上任一刻都更為開放。這個國家曾視法國鹹派為異端，現在人們即使在伊利諾州發現泰式炒河粉，或於喬治亞與阿拉巴馬州見到慕沙卡（moussaka，用羊肉與茄子烤製的希臘料理），已不再大驚小怪了。知名的卡夫食品公司出品數千公噸的通心粉與乳酪，近年推出一種墨西哥風味的「芒果煙燻辣椒」（Mango Chipotle）海鮮滷汁。

然而相對於這種日益豐富的感官選項，一度成為美國氣味景致特色的地域性差異卻日漸淡化。一九四七年，美國的《週六晚間郵報》（*Saturday Evening Post*）斬釘截鐵地斷言：「西岸的甜甜圈粉具有顯著的檸檬風味，東岸新英格蘭的甜甜圈則具有強烈的肉豆蔻風味，幾無檸檬。」這類區域偏好的痕跡在當代美國依稀可見，由空氣芳香劑的銷售量變化可見一斑：以食物香氣為基調如香草、肉桂香的產品，在美國中北部各州擁有百分之三十九的市占率，而在東北部、西部與南方地區只有百分之二十八。柑橘與果香（檸檬、柳橙、葡萄柚、橘子與青蘋果）則呈相反態勢，在中北部各州的銷售比例僅百分之十六，其他地區則為百分之二十二。

釀造啤酒過去為地域色彩極重的作業，但當今美國啤酒市場則受全國性的品牌如美樂與百威所主宰。過去五十年間，一般美國啤酒所含的大麥成分減少超過百分之二十五，啤酒花含量則減少超過百分之五十，這並非巧合。換言之，與過去相比，啤酒比較不苦，也沒那麼香了。大品牌製造口味平易近人的啤酒，也透過這種策略進行市場擴張。它們犧牲特色以換取市占率。好消息是，微量釀造（microbrewery）運動正如火如荼地展開，小型釀酒廠創造了風格鮮明的啤酒，具有更美妙的風味與更有趣的香氣。這些所謂「精釀」啤酒的聲勢逐漸壯大，而整體的啤酒銷售量卻是持平或衰退。

有人不禁認為，「氣味平淡化」是美國大眾市場消費主義典型的表現，但這其實是個不折不扣的全球現象。向來不歡迎美國文化入侵的法國，孕育了幾種世上最臭的乳酪，像是聖耐克戴爾（St.-Nectaire）、香貝丹之友（Ami du Chambertin）與艾波瓦斯（Epoisses），艾波瓦斯乳酪的氣味據說集「臭襪子、濕狗毛與糞便」之大成。今天法國所販售的乳酪種類比過去任一時期都要豐富，每年約有一百種新品上市；怪的是，這些產品的口味愈來愈相近。傳統的黴菌熟成乳酪是由未經殺菌的乳品所製成，其質地、氣味與口味隨著熟成而轉變。新品種乳酪則是由經過殺菌與超過濾的乳品所製成，希望能延長保存期限及穩定品質。工業化生產的布里乾酪（brie）有如橡膠、無味且不會熟成，正一步步攻占市場。

法國製造商不遺餘力地為名不見經傳的新品乳酪披上可靠的外衣，他們以木盒包裝乳酪，用塑膠繩纏繞起來，並取個予人深刻印象的古典名稱。這些唬人的傢伙在交易行話裡稱為「仿傳統產品」；我們不妨將這種貨色想成「冒牌卻不折不扣的」乳酪吧。

咖啡豆與其他怪怪的「迷因」

貝倫森（Joel Lloyd Bellenson）將一只小瓷碗擺到我面前，然後打開蓋子。他說：「在我們開始之前，你需要把鼻顎淨空。」我凝視碗中，貝倫森的合夥人史密斯（Dexster Smith）解釋道：「那是咖啡豆。香水店都用這玩意，就像個重新設定鈕。」我便乖乖對那些豆子嗅了幾下，重新設定我的鼻子。

——普拉特（Charles Platt），《連線雜誌》，一九九九年

普拉特以一則關於「數位香味公司」（DigiScents, Inc.）兩位創辦人的小插曲，作為《連線雜誌》封面故事的序曲。貝倫森與史密斯發明了一具小型裝置，可由個人電腦以數位訊號啟動，釋放出無數的氣味組合。他們畢業於美國史丹佛大學，分別擁有生物科學與工程學位，先前已創辦過一家基因科技公司，經營得有聲有色。

他們兩位都不了解咖啡豆與嗅覺何干，這就是我在幾個月前受邀前去的原因；我的任務是將感覺科學與香料產業的實用知識帶進一家新的企業。我認為他們用咖啡豆那招很蠢，我確實在商展中看過豆子，卻從未聽說有調香師用過這招；儘管如此，貝倫森與史密斯實在很能言善道（矽谷新創公司的創辦人都身懷這項有用的天賦）。因此，我心裡帶著些許輕蔑之意，冷眼旁觀「你

鼻子的重新設定鈕」這個迷因（meme）❸被帶進數位文化裡。

豆子這個迷因已是香水零售店的常備物。我最近逛了紐澤西州的購物中心，對於這種迷因徹底扎根的程度感到訝異。在諾斯壯百貨（Nordstrom）的*Angel*香水專櫃，一個霧面金屬架上高掛著裝滿咖啡豆的玻璃錐；布隆明達百貨公司（Bloomingdale）則以雞尾酒杯盛裝咖啡豆；在薩克斯百貨（Saks）的Jo Malone香水櫥窗裡，咖啡豆則裝在有金屬蓋的藥罐中。這麼做很有意思，也有助銷售，但毫無科學根據。（烘烤過的阿拉比卡咖啡豆具有二十七種香氣作用分子，把它們全吸進鼻子裡，如何能清空鼻子呢？）逛街購物時，我覺得這看看就算了，不過有位我熟識的調香師很不以為然，他曾為了這個「豆子迷因」，在西雅圖的諾斯壯百貨公司與一位專櫃小姐爭執得有點過火，因而被掃地出門。

「鼻子重新設定鈕」這個構想說來話長。十九世紀日本的線香戲（部分為猜謎遊戲，部分為吟詩競賽）中，參與者習慣偶爾喝一口醋漱口，以保嗅覺敏銳。一九二〇年代的美國調香師勤奮工作一整天後，會聞聞樟腦以回復敏感度。氣味分類先驅克勞可與韓德森在長時間接受嗅覺轟炸之際，也習慣聞聞樟腦或氨水來「清鼻子」。這些做法是否發揮了預期效果，或只是嗅覺安慰劑作用的實證，我們並不清楚。同樣的，當今的食品公司會要求試吃人員在每一樣品之間的空檔漱口，其道理似乎理所當然（盡可能去除口中的餘味），因此從未有人費心去驗證這一點。

直到二〇〇二年，有個感覺實驗室總算出手一試，結果出人意表。該研究將不同量的咖啡因混入奶油乳酪中，讓經過訓練的試味員評比各樣本的苦味（眾所周知，咖啡因剛入口並不立刻覺得苦，不過苦味會長留口中久久不散）。在不同樣品間的空檔，試味員試了各種標準的淨口方法，像是以水或蘇打水漱口（多達六次），或者吃胡蘿蔔、餅乾或原味奶油乳酪。然而結果完全相同，清潔口腔並未使隨後的苦味評比有所不同。咖啡因依然留下苦味，不過在樣本變換之間，受測者能夠自動校正。所以別想太多，儘管找間你喜愛的法國餐廳，讓麵包與餅乾和著美酒入喉，一面享用餐點之間穿插的冰沙吧，只不過別期待會有任何方法使你的味覺更加敏銳。

關於酒香的迷因

據挑嘴的美食家表示，紅酒只能搭配特定種類的乳酪飲用。熟成高達乳酪（Aged Gouda）、傑克乾酪（Dry Jack）與蒙查哥乳酪（Manchego）可提升紅酒的風味，但藍紋乳酪與超濃乳酪（triple cream）則與其風味抵觸。至少這是一種信條。就像許多烹飪慣例一樣，酒與乳酪這對搭檔背後的邏輯，極少在科學測試中攤開來驗證。感覺專家海曼（Hildegaarde Heymann）與一位研究生正面迎戰這個問題，他們訓練了一批人，循若干感覺範疇評鑑紅酒。當酒類搭配八種不同乳酪時，試味員的感受確實會改變，但並非變得更好。乳酪的風味凸顯酒的苦澀，卻把酒的其餘每一種感覺特徵都掩蓋掉了；我們著手拔出名貴紅酒的瓶栓之際，這結果恐非我們所樂見。

❸ 基因（gene）是生物的遺傳因子，迷因（meme）則指文化的遺傳因子，這個詞是由美國動物行為學家道金斯所創，指文化資訊傳承的單位，如同基因，可經由複製（即模仿）、變異與選擇等過程而發生變化。

品酒傳統認為飲酒必須用對杯子：紅酒要用大而圓潤、杯口收斂的杯子，白酒用的杯子較小，或許杯口不要收斂為宜。所持理由是，酒杯的大小與形狀決定香氣如何集中並傳入鼻中，而每種酒都有其最合適的酒杯。這些慣例可有事實根據？抑或純為葡萄酒鑑賞家的裝模作樣之舉？

只有三項研究探討過這個問題，得到的結果並不一致。其中一項研究顯示，蒙岱維卡本內（Mondavi cabinet）紅酒倒入大而圓潤的傳統波爾多酒杯中，聞起來沒有其他形狀的酒杯那般濃厚，而其他感受（果味、橡木味等）的強度則不受酒杯形狀影響。另一項研究則將紅酒與白酒分別盛入五只不同的酒杯，結果酒杯形狀幾乎改變了每一項評比結果。為何結果如此不同？原因之一在於第一項研究的受測對象是蒙著眼，第二項研究則否。看得見酒杯時，評鑑人對酒的期望會有所改變。

第三項研究發現，杯形圓潤收斂的酒杯所產生的酒香印象，會比鬱金香杯或不收斂的球狀杯來得強烈，然而將個別評鑑人的氣味感度納入考量時，這種效應便消失無蹤。只有鼻子超靈的人才能領會酒杯形狀的微妙影響。雖然這無疑將強化葡萄酒鑑賞家的自尊，但終究也擺了他們一道。該研究將形狀不一的酒杯都盛入相同的酒，結果多數評鑑人皆認為他們喝到二或三種不同的酒，視覺再度戰勝了香氣。因此在最後一項分析中，對於酒杯的偏好也許只是一種傳統罷了。

同樣的，我也曾聽說法國調香師堅決認為，他們所用的聞香紙形式（沿著聞香紙的縱向摺成V形，將一端裁剪成尖端）優於美國人用的長方形薄紙片。理由為何？據說是因為那會使香水蒸發得更為精準。嗅覺的世界充斥著荒謬的信念，有時只是樂趣的一部分。

第六章

惡臭的奇異影響力

而不祥之物既將腐化，
可怖之氣隨之而生；
如同逝去已久之火龍與人，
其臭可致大毀滅。

——英國詩人諾頓（Thomas Norton, 1532-1584），
《煉金之序》（*Ordinall of Alchimy*），十四世紀末

一九七一年九月下旬的一個週日，我沿著一條滿布沙塵的步道走著，朝美國加州聖拉法艾（San Rafael）近郊的一片橡木林而去。有幾位裝束奇特的朋友與我同行，男士們穿著緊身衣褲，女士們則穿著長袖連身裙，頭戴斗笠。我身著清教徒的白領長袍，帶著一支木笛。我們身處於一條由精心打扮的人們排成的長龍，人龍從一片停滿車輛的草地綿延到山丘頂端，丘頂飄揚著文藝

復興狂歡節的旗幟。馬林郡（Marin County）這片丘陵地林木蔥鬱，與這項讓想像力優遊於往昔的歡樂慶典倒是頗為搭調。

穿梭在不入流的偶戲及鼓號聲的喧鬧中，人們不知不覺就會陷入一種早期的心理慣性。在伊莉莎白一世時期的英國，人們認為空氣中的異味是疾病的起因。莎士比亞便在《哈姆雷特》寫道：「此刻是充滿鬼魅的深夜時分／教堂墓園盡皆敞開，地獄也噴吐／瘟疫於人間。」凱爾威（Simon Kellwaye）於一五九三年所著《瘟疫防治》（*A Defensative Against the Plague*）一書記載，疾病是由「一些惡臭的糞堆、不流通的污水池與難聞的氣味」所致。在室內抽水馬桶問世前、衛生下水道尚未普及的年代，「惡臭的糞堆」多到足以讓每個人感受到疾病的威脅。

然而對伊莉莎白的子民而言，氣味既是病源，也是藥方。他們相信好的氣味能驅除疾病，這使他們佩掛裝滿香料的香包或項鍊，並在家中燃燒線香、硫磺與火藥以為消毒之用。在瘟疫流行時期，有益的芳香頓時炙手可熱，價格哄抬的狀況時有所聞。一六〇三年，有位作家抱怨迷迭香「平常抱一大袋只要十二便士，現在一小把居然就賣六先令（七十二便士）。」

我參加的那次狂歡節之後，過了二十年，馬林郡居民的心態再次回到中世紀，這回可不是為了娛樂或競賽。如同中世紀那些揮舞著鋤頭上街頭、要求免受致病氣體侵襲的暴民，馬林郡的「反香氣行動人士」也試圖禁用香水，因為他們相信香水會使人生病。他們不僅抵制香水，也排斥洗髮精、沐浴乳、髮膠、除臭劑、洗衣精與衣物柔軟精殘留不去的氣味。行動人士抗議在舊金山舉行的香水產業會議，他們戴上防毒面具，還搬來一個標示有「凱文克萊」與「有毒化學物」

的木桶當做道具。舊金山州長辦公室的「殘障事務統籌官」也加入這場喧鬧，他宣布：「從現在起十年內，塗抹香水出入公共場所將是政治不正確之行為。」以舊金山灣區的浮華本色來看，這是個重大的政治事件。但它也提出了一個重要的問題：氣味真的會讓我們生病嗎？

氣味敏感者的反應

這群示威者都患有多重化學物質過敏症（Multiple Chemical Sensitivity, MCS），他們宣稱對香水所含的化學物質過敏，稍有一絲香味就會發病。當時我和幾位ＭＣＳ患者聊過，對他們的抑鬱與苦楚感同身受。他們極盡所能地迴避搽抹香水的人和有氣味的場所，形同軟禁在家。一位女士舉家搬遷至亞利桑那州的沙漠中，以特製的露營拖車為家，車身是「無毒的」金屬，表面覆蓋瓦片，期望藉此解決她的問題。可惜天不從人願。我明白這些人確實陷於愁雲慘霧、處境堪憐，卻不清楚這種病的本質為何。

儘管世界衛生組織、許多醫學專家與公共衛生當局做過無數調查，仍無法為ＭＣＳ下一個精準的定義。根據《職業及環境醫學》期刊的一篇論文，那是「一種知之甚少且頗具爭議的症候群，共同症狀包括疲勞、注意力不集中、心悸、呼吸急促、焦慮、頭痛與肌肉緊繃。它們『確因暴露於許多化學性質彼此無關的化合物而發生，引發症狀的量遠低於對一般人造成有害影響的量。尚未有廣獲認同的生理機能測試可證明與該類症狀有關。』」美國醫學會（American Medical Association）深入調查ＭＣＳ，並於一九九一年決定不納為正式診斷。於此同時，ＭＣＳ也已更名為自發性環境不耐症（Idiopathic Enviromnental Intolerance, IEI），以反映此病並無已知病因的事實（亦即它是自發性的、個人特有的）。

在一團疑雲中，ＩＥＩ患者皆有一個共通之處：他們都宣稱比其他人對氣味更加敏感。此一陳述很容易驗證，已有眾多研究比較過ＩＥＩ患者與健康人（年齡、性別相當）的嗅覺感度，結果一致顯示兩者的嗅覺感測門檻並無差別。在此嚴謹的標準之下，ＩＥＩ病患對於嗅覺的感度並未高於其他人。

然而，ＩＥＩ患者與健康人對氣味的反應略有不同。例如患者嗅聞苯乙醇的玫瑰氣味時，產生的愉悅感不若非患者強烈，而且較常抱怨他們的眼睛、鼻子或喉嚨受到該氣味所刺激。另一項測試則證實，ＩＥＩ患者與控制組的氣味敏感度相近。接著讓他們置身於無臭空氣或含稀薄二丙醇（外用酒精）的空氣中十分鐘，正常的自願受測者僅有百分之十表示對其中一種實驗條件產生了生理症狀，反觀患者則有百分之三十表示對無臭空氣與加味空氣皆產生了生理症狀。這種誇大的主觀反應，意謂著認知處理的差距大於感知的變化。換言之，對健康人不構成威脅的感官訊息，到了患者的大腦會直覺嗅出有害的氣息。

為什麼討厭那味兒？

氣味嫌惡感的自然發展過程，有助於將ＩＥＩ恰如其分地定位。即使是最無害的氣味，要是勾起我們不快的回憶，也變得格外討厭。就拿《花花公子》創辦人海夫納（Hugh Hefner）的前女友潔姆絲（Izabella St. James）來說，她在花花公子的豪邸中過得並不快樂。海夫納行床第之事前，顯然習慣全身擦滿嬰兒油。潔姆絲說，嬰兒油的氣味至今仍令她作嘔。

還有五十來歲的高個兒運動員貝爾（Rolf Bell）也是一例。他六、七歲時，全家出遊至北加州的拉森火山（Mount Lassen），在地熱區停留野餐，當地布滿滾燙的泥坑與煙霧繚繞的噴氣孔。他母親準備了雞蛋沙拉三明治當做午餐，而臭雞蛋般的硫磺氣味團團圍繞著他們。貝爾小朋友對此產生了永久性的嗅覺嫌惡感：從那時起，他再也不吃雞蛋了。

我們以錯誤的方法躲避極臭的氣味之際，有時會產生氣味嫌惡感。常見有人一時衝動，用大量比較不討人厭的氣味來掩蓋腐爛的臭氣。一九〇〇年，美國德州的加耳維斯敦（Galveston）遭受颶風侵襲，傷亡慘重。有人建議負責搜尋罹難者屍體的人員用浸泡過威士忌的手帕罩住臉，或抽氣味濃重的雪茄。另外在二次大戰時，美國死難者登記單位的人員奉派前往歐洲戰區尋找美國大兵的遺體，也有人給他們類似的提議。可惜過去的經驗顯示，在這類遺體回送任務中，掩蓋氣味的舉動可能成為情緒創傷的成因。現今，美國軍方已對所屬人員宣導勿用古龍水遮掩臭味。

美國洛杉磯東北部的賀斯佩里亞鎮（Hesperia）近郊坐落著一棟不起眼的鐵皮屋，四周環繞著鐵網圍籬，圍籬上方裝設有刺鐵絲。一九八七年一月，鄰近商家的老闆發現有火苗從鐵皮屋的煙囪竄出，而真正吸引他注意的是那股煙的氣味，他上一次聞到這種氣味是在四十多年前，那是隨美軍部隊行經德國集中營焚化爐旁的事了。那是焚燒人肉所發出的噁心氣味，帶有一抹怪異的腥甜。當地警方根據報案電話展開調查，揭發了南加州有史以來最大的殯葬業醜聞。這件駭人聽聞的事件還涉及非法濫葬，以及竊取人體器官與金牙出售牟利。

這些氣味想忘也忘不掉。我所談的不是丁香油使人聯想到看牙醫之類的事，我談的是人類經驗的極限地帶。與重度創傷有關的氣味會留下難以抹滅的印象。曾有消防隊的醫護人員奉命救治一名修車技工，他因汽車爆胎而受傷，醫護人員嘗試進行口對口人工呼吸，但傷者的顏面嚴重受創，很難找到嘴的位置。結果傷者吐了他一身穢物之後死去。數小時後，那名醫護人員被人發現在座車裡恍神，車子則停在一個交叉路口的正中央。那場與氣味連結的創傷困擾他數年之久，每當遇到惡臭味，便有一陣突如其來的噁心感襲向他。

波士頓的精神科醫師辛頓（Devon Hinton）與同事們定期為柬埔寨難民提供醫療服務，許多難民都曾目睹一九七五至七九年赤棉恐怖政權的暴行。這些倖存者三不五時就會遭受嗅覺引發的恐慌所襲擊，無毒的氣味如汽車廢氣、煙味與燻烤肉類，往往可引起焦慮、暈眩、噁心與心搏加速。這些症狀時而伴有幻覺，彷彿砲口的火藥味、焚燒人體、亂葬崗腐屍的惡臭等駭人景象全圍到了身邊。辛頓為他的病人記下個案摘要，鮮明地記錄赤棉波布政權對柬埔寨人民的冷血凶殘，也展現出氣味長年勾起激烈情緒的力量。

如何引發氣味恐慌症？

范登柏夫（Omer Van den Bergh）會讓人生病，他是比利時魯汶大學的研究員，發展出一種引起暫時性（但無害）生理不適的方法，而且絕不會失手。他的手法是提高空氣中二氧化碳的濃度，舉手之勞就足以造成令人不快的結果。在富含二氧化碳的空氣中呼吸，不出二十秒便感胸悶、喘不過氣，或有窒息感、心悸、盜汗、熱潮紅與焦慮。只要把二氧化碳降至正常水準，上述症狀很快就會消失。

范登柏夫運用二氧化碳來探究氣味嫌惡感的生理機制。在基本的設定條件中，一位志願者吸入富含二氧化碳的加味空氣，如常感受到不適症狀；等志願者翌日重返實驗室，吸入氣味相同的正常空氣，他會再度感到不適，儘管這個反應並無任何生理方面的基礎。就如同帕夫洛夫（Ivan Pavlov, 1849-1936）知名的制約反應實驗，狗一聽見鈴聲便不自覺地口水直流，范登柏夫使受測者習慣一聞到氣味就覺得不舒服。值得一提的是，聞到氣味後只要出現一項生理不適感，就會使該氣味成為病痛的導因。范登柏夫稱此作用為「症狀學習」（symptom learning），以彰顯這是聯想學習的形態之一，是生物回應環境的一種基本作用。而相較於尤加利樹這類清新宜人的氣味，氨水與酪酸這類惡臭的症狀學習效果較為顯著。

經由學習產生的嫌惡感還有另一個正字標記，即在所謂刺激類化（stimulus generalization）的過程中，會由一種氣味擴展至另一種。例如，范登柏夫將人們制約，使他們一聞到氨水味便感到不適。他發現，稍後若將空氣加了另一種討人厭的氣味如酪酸（臭腳丫味）或醋酸（醋味），那些人同樣會經歷不適的症狀，然而換了完全不同的氣味如柑橘味，受測者便不覺得難受；從最初的事件起算，對相關氣味的類化作用可持續一週之久。另外還有一個後果：短暫置身於引發不適的氣味之中，會使人一連幾天處於脆弱的心理狀態，很容易遭受其他氣味刺激的侵襲。

要是暴露一次就會形成氣味嫌惡感，而且嫌惡感能夠遍及類似的氣味，那麼有誰可以阻止這變成一種心理連鎖反應呢？大家為何不會一天到晚都覺得噁心想吐呢？答案是一種「消退」的現象。當引發不適的氣味一再出現，但二氧化碳並未增加，反射作用終究會因大腦忘卻其制約反應而逐漸消失。等到氣味不再引發症狀，我們便稱該反應已經消退。治療師經常運用消退現象，幫助人們克服蜘蛛恐懼症、幽閉恐懼症等，稱之為「系統化去敏感治療」（systematic desensitization therapy）。

臭氣是帕夫洛夫式制約反應的當然候選人，但即使是香氣也能誘發症狀；正如我們所見，搽著古龍水執行遺體回送任務的士兵即為一例。在尋常情境下，如在心理方面加以適當「操弄」，香氣就能變成導火線。范登柏夫在另一項實驗中，讓受測者預先閱讀一份傳單，傳單內容探討化學污染，並描述MCS患者的處境（內文是抄自一個環境學家的網站）。實驗中，手冊裡的負面操弄是加強二氧化碳引起的不適感，無論配合的是香氣或臭氣都一樣，因此即便是美妙的芬芳，只要有人相信其化學組成有害，香氣也會成為致病的導火線。范登柏夫在其中看出一種反效果：「針對環境污染的警告與抗議活動雖對環境有莫大益處，卻可能無意間使人更容易對環境中的化學物質產生症狀，並助長MCS、集體社會官能症及類似病症的擴散。」換句話說，我們可能自己把自己嚇出病來。

與氣味相關的症狀是孳生誤解的溫床。你若相信某種特定氣味會致病，該氣味就可能令你生病，儘管最初症狀的成因全然不同。范登柏夫發現，懷抱著這類信念，會比實際暴露於氣味更容易引起相關症狀。對氣味的誤解可以使人生病。信念戰勝了嗅覺。

心理因素改變生理反應

十五年來，馬林郡居民不斷厲聲抗議，於是有許多研究人員調查MCS／IEI現象，試圖更清楚地勾勒出症狀，並確認起因。回顧大多數相關主題的文獻，幾乎找不到證據證明香氣成分就是根源。事實上，有人斷定MCS／IEI的「毒物暴露論」是一種似是而非的論調，其中「假想的生物作用與機制不盡合理。」於此同時，也有愈來愈多的科學證據指向無毒說。另一項回顧則發現，心因理論（即心理作用與生理作用程度相當的概念）受到充分支持；MCS／IEI可能是心因性疾病，患者深受「症狀學習」與「刺激類化作用」失控的惡果所苦。現實生活中發生在人們身上的情節，或許印證道爾頓與范登柏夫在實驗中發現的原理。

早在超過一世紀之前，氣味嫌惡感即以其心理本質而聞名。一八七一年，法國香水商人李梅爾（Eugene Rimmel, 1820-1887）於《香水之書》（*The Book of Perfumes*）寫道：「此外，傳聞中香水的有害影響，與想像力有絕大關聯。」他提到一位女士「自認無法忍受玫瑰的香氣，有一次朋友帶了一朵玫瑰登門造訪，她接下玫瑰的當兒便暈厥過去，而那朵令她倒下的花竟只是假花。」當今的研究已經證實心靈的力量，氣味在我們心中是何形象，以及我們認定它所具有的惡毒力量，都會改變我們的感覺及生理反應。這並不值得大驚小怪，我們也相信氣味能令我們性感、放鬆或警覺，這些只是一體的兩面。

有的MCS／IEI患者無法完全接受心因假說，他們認定問題的元凶就是化學物質，別無其他因素。任何論調若主張有些問題可能出在腦子裡，都會惹惱他們，因為言下之意就是他們所受的苦都不是真的。如果他們只想聽好話，那麼也有好消息：心因假說點出了一種治療方式，讓他們能夠期盼比較美好的生活。

氣味從神聖到褻瀆

芬芳恐懼症宛如在社會底部流動的暗潮，在善意的同情、直接的疑惑以及危言聳聽的煽惑交雜中不斷滋長，帶著意想不到的結果四處冒出表面。

你喜愛公義，恨惡罪惡，
所以上帝──就是你的上帝──用喜樂油膏你，
勝過膏你的同伴。
你的衣服全都有沒藥、蘆薈、肉桂的香氣。

──《舊約聖經》詩篇第四十五章第七節

教會成員搽抹芳香產品、噴髮膠、穿著新乾洗過或以衣物柔軟精清洗過的衣物，或窩在吸菸室裡，將造成嚴重的室內空氣污染。

——《教會無障礙環境稽核，聯合衛理公會無障礙環境資源集》

可不可能在幾個世紀之內，基督教人物便失了那棍棒刀槍奈我何的威武英雄氣概，成了在難聞氣味下畏縮不振的可憐縮頭烏龜？這不是我們所樂見的……

——馬克吐溫，《關於氣味》（*About Smells*），一八七〇年

我聞到死人的氣息

哈利（比利克里斯托飾）：假如你什麼事都沒遇到，假如你平平淡淡終此一生，你就永遠不會邂逅任何人，你永遠什麼也不是，最後你默默死去，成了一則紐約客之死的新聞，死後兩個禮拜因屍臭飄到走廊上才被人發現。

莎莉（梅格萊恩飾）：亞曼達對我說過，你有陰暗的一面。

——電影《當哈利碰上莎莉》，一九八九年

哈利對某些事顯然瞭然於心。「紐約客之死」是八卦小報常見的新聞素材，基本的故事內容

總不外乎：有人投訴鄰人家中傳來惡臭，警方聞訊趕到，發現某人獨自死在家中，屍體過了幾天甚至幾個禮拜都沒人發現。這類典型紐約客的情節之所以引人非議，主要在於都市人的疏離與冷漠，人們彷彿住在別人的頭頂上，你必須趕在有人發現你人間蒸發之前腐爛掉。

「紐約客之死」呈現出大都市最醜陋的一面。二〇〇四年，在紐約市布隆克斯區（Bronx）的一棟公寓裡，從一個濫用毒品酒精及強姦前科犯的寓所中傳出「摔角大戰」的聲音，鄰居都聽到了，卻沒人伸出援手，也沒人報警。兩天後，公寓管理員致電警方「通報惡臭」，他們才發現前科犯與一位女性雙雙陳屍寓所。這種案例稱做「旁觀者效應」。

「紐約客之死」可能發生在任何地方。芝加哥有一對年長夫婦在豪華公寓內吞服安眠藥配伏特加酒自殺，幾天後，警方接到「住戶投訴有惡臭」，這才發現他們的遺體。休士頓近郊有對老夫婦在家中往生，警方也是接獲「鄰居通報他們的住所飄出臭味」才發現他們的屍體。這對老夫婦在幾個禮拜前即已過世，事發不久，成人保護機構的人員還曾造訪他們的住處，卻因無人應門而打道回府。

「紐約客之死」的關鍵因素如此根深柢固於我們的意識中，以致可能產生令人尷尬的誤解。美式足球明星辛普森（O. J. Simpson）被控殺害前妻妮可與其友人，獲判無罪後從洛杉磯遷居佛羅里達州。二〇〇〇與〇一年，他因為幾次槓上執法人員而上了報紙，也開始與一位名為普拉蒂（Christie Prody）的年輕性感金髮女子交往。二〇〇二年一月，隔壁鄰居注意到「有股臭味」從普拉蒂的寓所飄出，並想到已經將近一個月沒有見到她了。辛普森過去的事蹟令這位鄰居有不祥的預感，於是她撥了電話給邁阿密警局。警方同樣憂心發生了最壞的事，便派遣消防隊員破門而入。屋裡不見普拉蒂的蹤影，但的確發現她的寵物貓咪嚴重腐爛的屍體。警方連忙通報失蹤人口協尋單位，並訊問辛普森，等到辛普森當著警察的面撥電話找到他的女友，一切才真相大白。她已出城一個半月，而她的貓咪因乏人照料而餓死。

有一類關於屍臭的故事則簡直像是虛構的。都會奇譚有一種是「與死屍同眠」，場景往往發生在拉斯維加斯的汽車旅館，房客抱怨房中飄著臭味，翌日清晨才發現床底下藏了一具屍體。糟糕的是，這種情節不完全只是虛構，在故事場景的拉斯維加斯以外也時有所聞。過去二十年來，汽車旅館的房客抱怨房間有異味，最後真的發現凶殺案屍體的情節，在許多地方都曾活生生上演。看來除了拉斯維加斯這個「萬惡之城」外，到處都會發生。

「與死屍同眠」這類事件有個共同特徵，洩漏天機的氣味都要等到凶殺案過了幾天才現身。例如HBO播映的紀錄片描述職業殺手「冰人」庫可林斯基（Richard "The Iceman" Kuklinski）❶，他所犯的罪行即為典型的例子。根據犯罪小說作家瑞姆絲蘭（Katherine Ramsland）的說法，庫可林斯基在紐澤西州北卑爾根市（North Bergen）一家計時收費的汽車旅館殺害了其中一名受害者，他讓被害人吃下攙有氰化物的漢堡，他的同夥再拿一條檯燈電線勒死她。他們把屍體藏在床下，直到第四對房客入住時才察覺有異味。

---

❶庫可林斯基受雇於美國幾個義大利裔的犯罪家族，他供稱在四十三年間殺害兩百多人。

房客為何需要花這麼長的時間才認出那種臭氣？部分答案就藏於生物學。一九六〇年代初期，美國克林森大學（Clemson University）有位名叫佩因（Jerry Payne）研究生曾訂出肉身腐化的詳細時程表，現在成為刑案現場法醫鑑識的依據；他先鑑定昆蟲成熟階段，分為卵、幼蟲及成蟲，用以輔助確認死亡時間。佩因將死後的腐化勾勒為六階段，相當於精神病學家庫伯勒羅絲（Elisabeth Kübler-Ross, 1926-2004）對於瀕死階段的描述；根據庫伯勒羅絲提出的模型，瀕死之人會經歷否認、憤怒、討價還價、抑鬱與接受這五個階段，隨之而來的就是佩因的死後腐化六階段：新鮮、鼓脹、先期腐化、後期腐化、乾腐化與殘骸。

在佩因所述階段中，除第一階段之外，其他每一階段皆具有獨特的氣味。第二階段（鼓脹）開始於死後隔日，持續一或二天，端視環境狀態而定。此時腸道中的細菌會產生二氧化硫，發出類似臭鼬的氣味，往往被誤認為瓦斯漏氣。這會導致另一類「紐約客之死」的案件：房東找來管線工人檢測瓦斯漏氣，赫然發現命案現場。此外，偶爾也會有很諷刺的意外發現。二〇〇二年在紐約市南布隆克斯區，一棟公寓的房東與紐約愛迪生聯合電氣公司的工作人員聞著瓦斯漏氣，赫然發現有三個人遭綑綁刺死。事實上，揭露這起命案的瓦斯味確實來自天然瓦斯，凶手打開烤箱使瓦斯漏出，並在客廳點上蠟燭，希望引起爆炸，以便湮滅罪證。

先期腐化（第三階段）則會產生濃重的化膿惡臭，此時體組織液化並發酵，發出一股怪異的腥甜（於是引來一票見獵心喜的昆蟲，如蜜蜂與蝴蝶）。到了第六天（後期腐化），胺基酸分解成我們絕不會聞錯的化學物質，即屍胺與腐胺，超噁的腐臭味也被一股氨水似的氣味取代。（口臭的氣味有時也會含有屍胺。）乾腐化則始於死後一週左右，氣味宛如「濕毛與老皮」。最後階段就如同最初階段，幾乎毫無氣味，僅存牙齒、骨骼與毛髮。

把這個臭氣時程表記在心裡，就能理解為何命案總要過了幾天後才會被發現。一九九六年七月，中村小姐與弟弟入住美國加州帕沙第納市的旅驛飯店（Travelodge），他們不喜歡飯店安排的第一間房，換了一間後，覺得房裡有股怪味，於是又不情不願地要求更換房間。他們退房兩天之後，飯店經理發現該房雙人床的木質床板下方藏了一具妙齡女子的屍體。這對房客挑三揀四地要求換新房間，又怎麼能夠忍受死屍的氣味呢？答案很簡單：他們自己將問題合理化了。中村小姐的弟弟談到此事時表示，對他而言，那房間「聞起來像韓式泡菜」。

臭味揪真凶

有時候凶手就住在犯罪現場，被害者屍體腐化、分解對他們來說是一大挑戰，大多數凶手在兩天之後就舉手投降。《紐約每日新聞》（*New York Daily News*）刊登過一則新聞：「警方消息來源昨日指出，一名六十五歲的女性遭丈夫射殺，棄置於位在紐約史坦登島（Staten Island）住處地下室，任其腐爛兩天。由於屍體腐爛臭氣四散，受害女性六十七歲的丈夫不堪其擾，於昨日報警。」

美國阿拉巴馬州有位三十九歲的智障男子，他被母親及繼父拘禁在暗無天日的房間裡長達十年，後來死於營養不良。狠心的夫婦將他的屍體留在原處幾天，直到再也無法忍受腐爛的氣味才撥了一一九，結果被控謀殺。

有的加害人更是冷酷。美國亞利桑那州土桑市有個男人被發現與一具女屍同住一間公寓，而女屍已亡故將近兩年。警方是在「接獲鄰居投訴有惡臭」之後（賓果！不出你所料！）展開調查。這名男子還用死者的支票付房租。他告訴一位好管閒事的維修人員說，那氣味是冰箱裡的食物因停電腐壞而散發出來的；這傢伙絕對可以入圍「諾曼貝茨獎」（Norman Bates Award）❷。

另一名入圍者當屬在佛羅里達州棕櫚灘的威名百貨內盲目遊蕩的女人。州警接獲顧客投訴，停車場有輛車發出惡臭，於是循線發現她。她與六十五歲的母親從奧克拉荷馬州的考芬特市（Covington）一路駕車到此，根據驗屍報告，她母親約於五天前過世，那女人卻仍繼續駕駛。

在我看來，愛倫坡最佳小說獎❸應該頒個「最驚悚肉體腐爛故事」的頭銜給拉爾斯頓（Aron Ralston），這位年輕登山客的手臂在攀爬岩壁時被巨石卡住，他在荒野中進退不得，只能眼睜睜看著肢體逐漸壞死，並經歷難以置信的體驗：聞著自己的肉體一點一點地腐爛。最後，他索性自己截肢，脫離了進退維谷的窘境，也高高興興地活下來與大家分享這個故事。

---

❷諾曼貝茨是電影《驚魂記》中殺害女住客的汽車旅館老闆，手段變態而凶殘。

❸愛倫坡獎由美國推理作家協會創辦，選出每年最佳的推理小說、評論、戲劇、編劇等獎項。

第七章

嗅覺激發的想像力

事無絕對，唯角度不同：
女人的香水並非其真面目。

——美國詩人史蒂文斯（Wallace Stevens, 1879-1955），〈理論極善〉（The Pure Good of Theory）

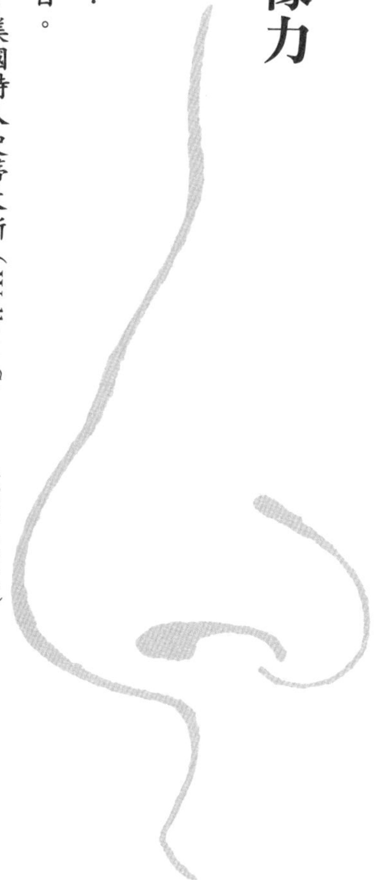

職涯初期，我立志探索氣味心理學，因此決定做個自由聯想的實驗。測試流程很簡單：讓某人嗅聞從擠瓶中噴出的氣體，說出最先浮現腦中的事物。我設計這項實驗的主要考量在於資料簡化，亦即將滔滔不絕的言語加以記錄、轉譯並編碼；我設想，評審團會用情緒性的字眼與意象予以評價。我實在太多慮了。聞到檸檬的氣味時，多數人告訴我：「那聞起來像檸檬。」是某種特殊的檸檬嗎？「不是。就是……檸檬。」

類似的對話在自由聯想實驗中比比皆是。我可能太天真了，這才見識到何謂「言詞障礙」。

一般人嘗試描述氣味時往往顯得詞窮，根據各家權威人士的說法，原因在於我們對氣味相關詞彙所知有限，只要認識的字眼多一些，就能更高明地描述氣味。不過，用這種論調來解釋實在相當薄弱，無論是焦油、魚、葡萄柚，舉凡世上具有氣味的東西都算是潛在的形容詞。除此之外，尚有具獨特氣味的品牌名稱可資運用，像是培樂多玩具組（Play-Doh）、面速力達母軟膏、飛壘泡泡口香糖以及WD-40除鏽劑等。氣味的相關字詞顯然不少，這表示言詞障礙並非詞彙問題，而是認知問題。字詞就在那兒，但我們很難找出適當的字詞。

心理學家為這種心理應變能力的低下取了個名字，稱為「鼻尖」現象，意思是你認出一股氣味，卻叫不出其名。鼻尖現象會發生在現實生活中，但不常遇到；我們鮮少在欠缺練習、不知所以然、毫無提示、沒有多重選項的狀況下，不得不幫某種氣味命名。不過，這正是感覺心理學家不斷要求人們做的事，結果也就不會令人太意外了；在實驗室中，這種冷冰冰的氣味名稱測試往往得分極低。（研究人員有時評為「差一點點就對了」，例如受測者將草莓說成覆盆子；但是，整體結果並不會因為分類寬鬆而改變。）

幫某一種氣味取名字確實頗為吃力，不過鼻尖現象的惱人之處在於：你曉得你明明知道氣味的名稱，卻一直叫不出來。據感覺心理學家羅列斯（Harry Lawless）與恩根（Trygg Engen）所言，癥結在於未能擷取到令你想出名稱的言詞資訊。一個人陷在這種懸而不決的嗅覺狀態，其實多半叫得出類似氣味的名稱，卻想不出與該氣味名稱具有類似意義的字眼。於是，羅列斯與恩根對受測者誦讀該種氣味物質的定義，可讓百分之七十的受測者想出正確名稱。只要取得語意方面的資訊，便能打破鼻尖現象的魔咒。

在我看來，我們對於拙劣的氣味描述能力太過小題大作了。心理實驗室那些冷冰冰的報告把氣味的身家背景剝去，將它們裝進瓶裡、編上號碼；試想，要在類似狀況下以言語描述顏色，那又談何容易？室內裝潢師傅有五十七個詞彙用來形容白色，而其他人如你我，能說出「亮白」與「灰白」就算不錯了，然而不知為何，卻不見有人感嘆我們對色彩的詞彙如此貧乏。其實不管氣味還是色彩，常人所擁有的詞彙及敘述能力都足以完成一般的任務了。

嗅覺天才的三大特點

令人喪氣的是，把氣味化為文字的每一項分析（由科學家與權威人士所提出）幾乎都強調上述的愚鈍與無能。說也奇怪，世俗的看法同樣帶有反智色彩，不但否定氣味在心靈生活中的地位，也忽視其對藝術與文學的貢獻。

不過，也有作家與藝術家設法創作出一些藝術作品，使我們能在其中認出嗅覺經驗。他們為氣味賦與意義，將氣味轉化為符號，作為與人物性格或時地氛圍相關的線索。這些藝術家擁有什麼樣的能力，是我們其他人所欠缺的呢？

我想吐一下我學界友人們的槽：別再叫心理實驗室的大學生聞那些亂七八糟的氣味了，請開始注意氣味發乎自然的流暢性吧，那會出現在主動與氣味打交道的創作人士身上。我們需要重新審視他們如何在作品中表達氣味經驗，以及氣味在創作活動中的角色。而要描繪嗅覺天賦，首先可以尋找嗅覺系藝術家的心理特質。我將提出其中三者作為開頭：覺察、移情與想像。

覺察與眾不同的氣味

就從覺察說起吧。達爾文是偉大的野外生物學家，因為他是個謹慎的觀察者，同時也精於嗅味。這兩項天賦皆明顯見於以下這段描寫動物麝香的文章：「公羊的羶味人盡皆知，但某些雄鹿的騷味也極重又持久。我曾在拉布拉他河畔距離一群南美草原鹿（*Cervus campestris*）將近一公里的上風處，都能感受到空氣中瀰漫著雄鹿的騷味；我用絲質手巾包了一塊鹿皮回家，鹿皮取出後，手巾雖經再三使用與清洗，殘餘的氣味還是留了一年七個月之久。」對達爾文來說，氣味就如時間、地點與物種一樣，是一項值得記錄的事實。

行為方面的線索也幫助我們識別出懂氣味的人。幾年前我在葡萄牙一家「古堡酒店」吃晚餐，那是由古堡改裝的高級飯店。其間，鄰桌坐著一位高大的美國老先生、他的夫人及一位葡萄牙紳士。高個子看起來很面熟，我稍稍偷聽一下他們的談話內容，發現他是美國著名經濟學者及外交官高伯瑞（John Kenneth Galbraith）。晚餐結束後，高伯瑞跟著他的賓客離開餐廳，他在門邊一大束紅玫瑰前停下腳步，俯身凝神深深吸了一口氣。這位成就斐然的人物竟然真的停下腳步，欣賞玫瑰的芬芳呢。

為了以可信的方式描繪氣味，並引發情感上的共鳴，藝術家必須對真實世界的氣味投以關注。深具氣味感的藝術家天生就是氣味的追尋者，能夠找出事物、場所與人物真正迷人的氣味。他們以氣味的角度思考，並發現那些氣味與眾不同，幾乎伸手可及，並非微弱而透明。

一個人要懂氣味，只需有個堪用的鼻子即可，超級敏銳的鼻子則大可不必。十九世紀的法國作家左拉（Émile Zola, 1840-1902）即為一例，他的小說素以氣味相關引述豐富而著稱。他晚年同意接受一個專案小組的檢驗，小組成員為醫師與心理學家，他們渴望追查出創作天賦的「生物要素」。除此之外，他們還針對左拉的嗅覺進行徹底診察，結果發現左拉的敏感度略低於一般水準，但就一個五十來歲的人而言還算不壞。儘管左拉的鼻子較為遲鈍，嗅覺卻十分細膩，他喜歡比較分析氣味，而且「自信的程度總令追隨者訝異不已」。左拉對氣味的記憶尤佳，相較於色彩或形狀，氣味更能鮮活地躍然他心。調查小組推論，左拉小說中的氣味不盡然是鼻子的技能所致，而是跟著嗅覺想像走的結果。

真正的氣味覺察力或許並不常見。我們都認識一些對氣味漠不關心的人，他們在理性與感性上都不受氣味吸引，不介意洗碗精聞起來如何，也不會花錢買香水或古龍水。根據消費者民調顯示，百分之二十三的人對香水「冷感」，買得也不多。有百分之十一的人則是另一種極端，他們是「芳香狂」，擁有一大堆香氣方面的行頭，根據季節與心情搽抹。暫且假定藝術天分與嗅覺察知在統計上並無關聯，基於調查結果，我們會預期所有藝術家有四分之一對氣味興趣缺缺，不會將之用於作品中。同樣的，只有十分之一的藝術家會滿腦子想著氣味。

氣味覺察力本身並不會使人變成嗅覺天才。回想頹廢搖滾樂手、超脫合唱團（Nirvana）主唱柯特寇班（Kurt Cobain, 1967-1994）短暫而放蕩的一生，據評論家阿培羅（Tom Appelo）所言，柯特寇班的私人日誌盡是氣味的印象，例如對女友寇特妮洛芙（Courtney Love）[1]留在他枕上的香水味戀戀不捨。傳記作者克洛斯（Charles Cross）認為柯特寇班是氣味偏執狂，最喜愛的讀物是徐四金的《香水》，這本書他讀了兩次。（這本小說的主角以自殺收場，不知道這樣的結局是否與其氣味觀同樣令他著迷。）

無論柯特寇班對氣味多麼迷戀，卻極少呈現在他的音樂裡，只有「超脫」的成名金曲〈彷彿青春氣息〉（Smells Like Teen Spirit）例外，這首歌是因為友人揶揄柯特寇班聞起來活像女友的除臭劑，他有感而發所作。柯特寇班也許滿腦子想著氣味，但並不因此成為嗅覺派藝人。

將心情轉移為氣味

嗅覺派創作天才的第二項特質為「移情」：感受他人如何體驗氣味並回應之。有人也許會認為調香師善於此道，但不盡然。調香師高高在上地閉門造車，行銷人員則拿著最新趨勢預測、焦點客群測試摘要與消費者測試數據，低聲下氣地拜訪他們。總之調香師絕少接觸群眾。反之，伯翰默（Eric Berghammer）則大方擁抱群眾，他正以氣味創造出一種全新的藝術媒介；他是世界第一位「香氛施放手」（Aroma Jockey, AJ）[2]，這位年輕的荷蘭藝術家以「Odo7」為藝名，曾在全歐洲各大夜總會、音樂廳與商業活動中展露「現場放送氣味」的工夫。他的工具很簡單：用火盆與熱水浴使氣味散入空中，再以電風扇吹向群眾。在一家舞廳裡，Odo7 搭配「音樂播放手」

（DJ）所選的組曲同步演出，持續長達兩個半小時。

伯翰默累積的經驗使他成為嗅覺移情作用的專家：站在舞台上，他觀察群眾的反應，便可隨心所欲地改變舞池的氣氛。即使是如此情緒高亢的場子，他也找得出發揮氣味效力的方式，例如在重金屬樂曲放送期間，他吹送出一陣嬰兒爽身粉的氣味，便能使群眾發笑。Odo7原為平面設計師與插畫家，現在則完全顛覆了舊有的典範。他將心境與意圖化為氣味，而非影像。我們很欽佩他的膽識，像調香師就從來不敢公開表演。

讓氣味點燃想像力

嗅覺天才的第三項特質，是健全的嗅覺想像力。想像力讓嗅覺系藝術家於不同感官之間轉換，並發明出新的方式，讓氣味訴說理智與情感。

嗅覺想像的核心是心理意象的技巧。如同可以想像視覺的景象，我們也能以相同的方式回想氣味，我和同事肯普（Sarah Kemp）與克勞奇（Melissa Crouch）找到了衡量這種能力的辦法。在一種有效的視覺心象測試法中，受測者要想像一特定景象（例如林中的湖泊），並評量它在心

❶柯特寇班與寇特妮洛芙都是美國知名搖滾樂手，兩人於一九九二年結婚，九四年柯特寇班以手槍自殺身亡。柯特寇班在搖滾樂迷心中居於神祇一般的地位。

❷這個名詞呼應「音樂播放手」（disk jockey, DJ）。

中有多麼鮮明；我們將這種測試法轉換成嗅覺用語，改請人們想像一種氣味（例如烤肉），並評量它在心中的鮮明程度。與尋常民眾相比，調香師與其他香料專業人士具有較鮮明的嗅覺意象，但視覺意象的程度沒有太大差異。其他研究人員也已運用我們的測試法，印證了嗅覺意象能力與優異的氣味感知有絕對的關聯。嗅覺想像與真實感知可能是由腦中相近的部位所引起。

嗅覺特效營造幻覺

藝術家想像嗅覺效果之後，必須將其實現，以供大眾體驗。舞台一向是嗅覺系藝術家引以為樂的實驗天地，美國導演及舞台設計師比拉斯可（David Belasco, 1853-1931）是採用嗅覺特效的先驅。一八九七年，他執導一齣以美國舊金山唐人街為背景的戲劇，他的演出令《紐約時報》驚豔：「為營造幻覺，該劇強烈訴諸視覺、聽覺與嗅覺；劇院瀰漫著中國火絨的芳香，音樂則盡可能展現中國風。」《紐約日報》（*New York Journal*）的評論家則不買帳：「昨夜的表演在一陣噁心討厭的氣味中展開，之所以燒出這股氣味是為了營造氣氛，別無其他理由……劇院被焚香的可怕燻味所淹沒，在冗長的序曲中，你在座位上愈來愈覺得昏昏欲睡。」

比拉斯可並不氣餒。一九一二年，他仿照「兒童餐館」（當時的知名連鎖餐廳）設計出一座精緻的舞台，舞台上有一套爐具，用來在表演期間端出該店的特製鬆餅。他還為了一齣以加拿大西北部森林為背景的音樂劇，把燉煮過的松針鋪在舞台上，演員出場踩碎腳下的松針之際，芳香即隨之釋放。

時至今日，戲劇氣味特效的大膽程度極少超越比拉斯可式的寫實主義，焚香與烹煮食物為常用的效果，跳脫刻板氛圍的氣味則相當罕見。英國國家歌劇院曾在歌劇《三橘之戀》（*Love for Three Oranges*）開演前分發氣味刮刮卡，然而這類使用氣味的方式太怪異，部分導演擔憂流於庸俗而避提氣味。不過對戲劇界而言，芳香設計仍不失為一種引人入勝的可能性；它可以獨一無二，也可以如同其他演出形態般庸俗。

伊姆斯夫婦（Charles and Ray Eames）是一對夫妻檔設計團隊，創造出好些二十世紀最美的家具（雖然用起來不太舒適）。較鮮為人知的是，他們也是嗅覺多媒體的先驅。一九五二年，他們為美國喬治亞大學設計一場關於「溝通」的表演，《時代》雜誌的豪蘭（William Howland）稱之為「多年來我所見過、聽過與聞過最刺激的場面。」這場表演使用三台幻燈機、兩台錄音機、一部附有音軌的影片，以及「大量的瓶裝合成氣味，於演出期間透過空調管路吹送至觀眾席」。

伊姆斯先生欲使觀眾駭翻天：「我們運用大量聲音，有時以極大的音量放送，你可以實際感受到聲波砰砰震動。我們導入聲音、氣味與一種不同的意象，就這點而言，我們是在玩多媒體。我們這麼做是要提高覺察力。」伊姆斯太太對結果表示滿意：「氣味真的很有效。它們做了兩件事：一是提示，二是強化幻覺。那相當有趣，因為某些場景並無氣味提示，只以字幕暗示有氣味，就會有少數人覺得他們聞到了味道，例如機械的油味。」曾在課堂上操弄學生嗅覺的史拉森教授一定會很得意；你用視覺與聲音給觀眾提示，他們就會在自己腦袋裡創造出氣味。

大玩氣味文字遊戲

嗅覺系藝術家的這三種特質，到了文學領域展現出最大的創意表現。我們都見識過書面文字在閱讀之際喚出影像的力量；較鮮為人知的是，文字敘述也會適度引起光、聲音與氣味的心理印象，例如「非常非常亮的光」一語所造成的心理印象，即較「微弱的光線」所造成的印象更為明亮。同樣的，文字敘述也令讀者精準地想像一種氣味的濃淡與特色，進而只要讀到與氣味有關的詞，便足以活化腦部的嗅覺區域。根據一項功能性核磁共振造影術（fMRI）的腦部造影研究，「氣味字眼立即自動活化（腦部）嗅覺皮質的語言網絡。」儘管「言詞障礙」已被討論到爛，但就那麼幾個的嗅覺語詞，還是提供一種有效的溝通管道。

把氣味寫進文章，任誰都辦得到，但只有少數作者把真正的嗅覺敏感度帶進作品。英國學者麥可菲（Helen McAfee）曾於一九一四年投書美國的《國家》（*The Nation*）雜誌，大嘆當時美國小說裡的氣味盡是陳腔濫調：「例如新英格蘭老處女的故事必有薰衣草香；露營生活軼事伴有松樹的氣味；六月的浪漫故事則非玫瑰芬芳莫屬。」她稱許俄國作家如契訶夫與杜斯妥也夫斯基，說他們筆下的氣味「尖銳而不落俗套……並非單為形式而生硬地套入文章。」她並寫道，以此方式運用氣味時，「給予讀者的印象相對深刻。」既然麥可菲教授這麼說，就讓我們不客氣地以鼻子本位的觀點來問問看，哪些作家將嗅覺特點融入作品之中？他們的成功之道為何？

「這一切都要從五月的一個週六清晨說起，那個和煦的春日聞起來就像一塊乾淨的亞麻布。」

美國作家安・泰勒（Anne Tyler）的小說《歲月之梯》（*Ladder of Years*）的開頭如此寫著。這部小說寫的是一位女性在美國馬里蘭州海灘度假期間離家出走，隱姓埋名展開一段新生活。安・泰勒大玩角色互換（身分、地點與整個人生）的手法，並刻意以某一類氣味支撐情節，例如醫師診間聞起來像「地板蠟與異丙醇的混合體」，鎮上的圖書館發出「老舊紙張與黏膠的氣味」，諸如此類。女主角注意到這些熟悉的氣味，但並沒有觸動她的情感。

美國作家麥肯納尼（Jay McInerney）的《燈紅酒綠》（*Bright Lights, Big City*）則從頭到尾飄著剛出爐麵包的氣味。這部小說不斷提到吸食古柯鹼及鼻子的相關併發症。故事一開始，主角身在與多年女友、現為前妻合租的公寓裡，回想著紐約曼哈頓西村一家義大利麵包店的香氣撲鼻而來的情景，走廊上只要飄著這股氣味，他母親八成在家；當他毒癮發作，好心的同事梅根買了條麵包來探望他，那氣味又再度出現；而在一個徹夜狂歡的週末尾聲，筋疲力竭的他，用昂貴的雷朋太陽眼鏡與麵包店送貨員交換一袋法國麵包。

在這本書著名的結局，氣味又回來了：「你蹲下身扯開袋子，熱騰騰的麵糰氣味將你團團圍住。你吃了一口，卻哽在喉中，險些把你噎死。你必須慢慢來，你必須從頭到尾把一切重新學過。」（多疑的讀者可能會提出反對：大量吸食古柯鹼難道不會摧殘主角的嗅覺嗎？畢竟長期吸食會導致鼻塞、鼻內結痂、潰瘍、出血、鼻後滴流，還有最為駭人的鼻中隔穿孔。唯一一項以古柯鹼濫用者為對象的研究發現，這些人大約有九成擁有正常的嗅覺；即便是鼻中隔穿孔的患者，他們的嗅覺比起你我可一點都不遜色呢。）

以文字描繪嗅覺天才之奇

有位美國作家將嗅覺天才的三種特質全部體現在作品中，他就是偉大小說家霍桑（Nathaniel Hawthorne, 1804-1864）。他的小說《七角屋》（*The House of the Seven Gables*）充滿氣味，其中有一場在新英格蘭村莊為慶祝新屋落成所舉辦的盛宴：「簡單形容之，廚房產生的煙從新屋的煙囪冒出，空氣中飄散著以香料精心調味的雞鴨魚肉香，還有滿滿的洋蔥味。在這類慶典中，光是氣味飄進每個人的鼻子，隨即變成一種誘惑，教人口水直流。」顯然，霍桑是個好吃之徒。

而在小說《紅字》（*The Scarlet Letter*），霍桑描寫一位海關檢查員，他是美國獨立戰爭時的陸軍少校之子。這位檢查員的過人之處在於他「回味佳餚的能力」，但這沒有為他的飲食生活帶來絲毫喜悅。他不僅能憶起用餐感受的細節，更能鮮活地喚出那些感受以供他人鑑賞：「他的美味回憶雖早已過了實際設宴的日子，卻彷彿將豬肉或火雞料理端來，湊到人們的鼻子下方。」只要讀著他的故事，眼前就會浮現檢查員的身影，食慾也被勾了起來。

〈拉帕其尼的女兒〉（Rappaccini's Daughter）堪稱美國短篇小說把氣味用得最淋漓盡致的例子。故事背景是十七世紀義大利的巴杜亞（Padua），霍桑講述一位醫學院學生拜倒在拉帕其尼醫生美麗女兒的石榴裙下。這位陰沉的醫生栽種有毒的植物，並刻意讓他女兒在成長過程中密集接觸它們，使她非但對植物的毒性免疫，全身上下更遍流著植物毒素。她散發出有毒的醉人芳香，學生對她展開追求之際，體內也漸漸滲入令人衰弱的毒氣。最後，拉帕其尼的死對頭醫生提供解毒劑給這對戀人，卻害死了少女，這個故事終以悲劇收場。

霍桑對氣味的覺察力十分敏銳，也具有移情作用的意識，知道氣味如何影響他人，並能在精采的故事中以歷久彌新的方式將其表現出來。霍桑是新英格蘭清教徒的後裔，清教徒提倡禁慾，抗拒感官誘惑，即使如此，霍桑本人卻有幸得到充滿喜悅的鼻子。

嗅覺激發出創造力的火花

許多人都聽過一則關於氣味與文學創作的軼聞，那是關於德國詩人劇作家席勒（Friedrich Schiller, 1759-1805）的事蹟。話說某日，他的好友歌德來訪，歌德正在書房等候之際，察覺到一股難聞又有些噁心的氣味，便開口問席勒夫人是怎麼回事。於是乎，夫人從書桌拉開一個抽屜，裡頭擺滿了爛蘋果。她告訴歌德，她的丈夫要是不嗅嗅這堆陳年蘋果的氣味，便無法文思泉湧。至於她講這話時有無閃爍其詞，從故事中不得而知。

這個故事應能闡明嗅覺引發靈感的心理因素，但我總覺得有點誇張。席勒特別擅長寫蘋果嗎？還是常寫蘋果呢？他把蘋果氣味與靈感連結起來有無理論依據？他可試過桃子？我最多只能說，席勒嗅蘋果的習慣不過是寫作前慣有的熱身儀式罷了。

要尋找氣味與創作之間的連結，還有更合適的切入點，以美國詩人狄瑾蓀（Emily Dickinson, 1830-1886）為出發點是個不錯的選擇。這位女士終身住在麻州阿模斯特市（Amherst）的老家，過著近乎隱居的生活。她精通植物學，酷愛花卉，宅邸與溫室種滿各種花朵。在她那個年代，栽種花卉是許多女士的嗜好，但是狄瑾蓀與眾不同，她忍不住對姿態婀娜卻沒有氣味的蘭花視而不見。她對芬芳的花朵情有獨鍾，喜好林林總總令人咋舌，有法國金盞花、木犀草、牡丹、月見草、香矢車菊、美國石竹、各種玫瑰、紫丁香、山梅花、忍冬、茉莉、天芥菜及庭薺等。狄瑾蓀並沒有深究其中細微之處，只是偏好熱帶茉莉與盛開「波旁」玫瑰的濃郁香氣。以當時維多利亞式的感性思維而言，在客廳擺放瑰麗的花朵，挑逗意味過重，她卻在閨房與寫字檯邊擺了一盆盆花朵。

不出你所料，花卉便是她作品的主要題材；她有五分之一的詩作都以某種方式提到花朵。她偶爾寫些小詩，繫上自己編的花束寄給別人，鎮上無人不知。她畢生發表的詩作寥寥可數，幾乎都是透過這種方式公諸於世。一九五五年，狄瑾蓀的作品全集出版，終獲如潮的佳評，詩評對她的詩表現出「細細培育情感強度」的手法尤其讚譽有加。

針對眾口一致的推崇，文化評論家佩格莉亞（Camille Paglia）於一九九〇年提出質疑，她把狄瑾蓀描述成死亡陰影纏身的吸血鬼，以吸啜他人的情感強度維生。佩格莉亞稱狄瑾蓀為「女薩德」❸，她指出這位詩人有著「不為人知的謀殺慾與傷害慾」，並形容她的詩為「痛楚與忘我的劇本，其中有人受凌遲，有人垂死，有人變容。」這樣的重新評價如此聳動，我起先並不相信，但我後來遍讀狄瑾蓀的詩作，發現除了花卉以外，她的詩篇泰半與蜜蜂和死亡有關。在一千一百七十五首詩中，約四百首與花有關，不過只有兩首直接提及花香（「芬芳的康乃馨」及「芳香的」石竹），影射花香的另有少數。這實在很詭異，她畢生以種植香花為生活重心，把一朵朵的花寫進詩篇，甚至還用花作為創作力的隱喻，那麼為何不在詩作的字裡行間描寫花香呢？

答案是：狄瑾蓀不似常人用鼻子吸入花香，而是用喝的。在她的詩中，花香就是養分。描寫春天氣息時，她自稱「快樂的貪杯人」。她沉醉於芬芳之中：「我迷醉於大地之氣／縱情於晨間露水。」她與蜜蜂一樣「暢飲度日」，她喝勃艮地紅酒，蜜蜂則吸食苜蓿花蜜。她種花是為了將花朵的芬芳一飲而盡，用花香點燃她的創作力。不可否認，狄瑾蓀的確是芳香的吸血鬼。

狄瑾蓀女士住在阿模斯特時，某日割了些香蜂草，並把一盆茉莉搬出屋外淋雨。這些舉動看似平凡無奇，任誰都不會注意，然而在她帶有性虐待意味的想像溫床裡，這些舉動卻成為：「殺掉你的香草─你即受其芬芳庇佑／讓你的茉莉經受暴雨洗禮─她將迸放最狂野的香氣／偶爾─你的夏夜充滿魔力。」換句話說，是死亡與艱苦卓絕造就了庇佑與夜之幻境。

狄瑾蓀的花朵會在垂死之際吐露芬芳：「縱然它凋萎─逝去／在如此聖潔的芬芳中／宛如長眠的低微香氣／抑或枯萎的甘松。」狄瑾蓀將垂死花朵的芳香精髓吸吮殆盡，並開始草草作詩：「它們具有少許香氣……凋零之際最為芬芳。」對一位食屍鬼般殘忍的阿模斯特美女而言，死亡時搾取的芬芳最為可口。

現在我認為佩格莉亞說得沒錯：我們這位詩人有謀殺與傷害慾。「精油─乃自玫瑰擰出之玫

❸薩德侯爵為十八世紀法國作家，專門描寫性虐待、性暴力，本人亦因性暴力罪入獄十餘年。

瑰油／非單以日光搾取／係絞具之贈禮。」唉唷我的媽！狄瑾蓀居然折磨花朵以搾取香氣。

哈佛大學霍頓善本圖書館（Houghton Rare Book Library）設有狄瑾蓀藏書室，珍藏著這位詩人的壓花相簿，學者們奉為她熱愛花卉的美好紀錄。但我們得對它另眼相看，我認為這本相簿是令人不寒而慄的不祥之物，收藏著連續摧花狂的戰利品。

樂音也能散發異香

作曲家華格納（Richard Wagner, 1813-1883）也是一位香氣狂熱份子。他每天都使用大量香水沐浴，並將高檔絲綢與毛皮套裝灑上香粉；他的私人信件盡是有關香水的討論。古典學者韋納（Marc Weiner）指出，華格納「對香氣的戀物癖」一直出現於他的歌劇，腳本一出現「Duft」（德文的「芬芳」之意）這個字，全劇往往充滿了刺激、危險與情色。美妙的「Duft」為歌劇挹注了種種近親亂倫的暗示，如《女武神》齊格蒙德與齊格林德兄妹間的初邂逅；沒有「Duft」則顯然是社會所接受的聯姻，如《紐倫堡的名歌手》夏娃與騎士華爾特的中產階級婚禮。

至於比較次要的人物，如連環劇《尼布龍的指環》的侏儒或《紐倫堡的名歌手》的補鞋匠，華格納則賦與他們難聞的氣味；補鞋匠散發著補鞋時所用瀝青的臭味，使他蒙上了邪惡的基調，《齊格飛》則以短笛的顫音表現侏儒的「膨風本色」。

性感的氣息

夜裡透涼，我稍感凍寒。空氣中滿是花木的香氣，令人陶醉。

——德國作家沙瑟梅佐克（Leopold von Sacher-Masoch, 1836-1895），《穿皮草的維納斯》（*Venus in Furs*）

尋常的氣味也可能情色化。香氣與性禁忌結合是十九世紀屢見不鮮的文學題材，沙瑟梅佐克與他發表於一八七〇年的小說《穿皮草的維納斯》可為實證。這部小說的主角是一位性虐待皮鞭女王汪妲（Wanda），而沙瑟梅佐克也因此留名於世，「Masochism」（性受虐狂）就是從他的姓氏（Masoch）而來。

故事之初，敘事者西佛林（Severin）講述著他對汪妲的傾慕，臣服於她的念頭與日俱增。他對汪妲的性幻想滲入了氣味，典型的現象是：「一個燠熱的早晨，空氣靜止不動，充滿濃濃的香氣，卻令人亢奮。」

西佛林一同意當汪妲的性玩物，一切就變了。他們旅行至義大利的佛羅倫斯，在驅車前往火車站途中，她活潑嬉鬧，但已不復原有的熱情與芳香：「她甚至吻了我，她冰冷的唇具有冷淡的香氣，如同未老先衰的玫瑰獨自綻放於光禿花梗與枯黃葉片間，花萼上掛著初霜的微小冰晶。」

隨著跋扈的汪妲益發冷淡，西佛林更覺氣味鄙俗可厭。火車上，汪妲獨自乘坐頭等車廂，卻讓西佛林與平民同擠一車：「然後她對我點了點頭，示意我離開。我緩緩踏上一節三等車廂，裡頭煙霧瀰漫，盡是二手菸的臭味，猶如通往地獄入口的冥河之霧。」在這裡，他不得不「與波蘭鄉巴佬、猶太小販和粗魯的阿兵哥同樣吸進帶有洋蔥味的空氣」。

在維也納停留片刻後，他們繼續往佛羅倫斯前進。「此時，我周遭的乘客已經從身著亞麻布裝的波蘭馬佐夫舍人與蓬頭垢面的猶太人，換成了捲毛的農夫、義大利近衛步兵第一團的高級軍官及窮酸的德國畫家。二手菸聞起來再也不像洋蔥，而像義大利香腸與乳酪。」原先西佛林那小男人幻想中令他陶然的氣味，此刻已為日常生活的強烈氣味取而代之。

故事的尾聲，他佇立在完美女性的典型化身之前，梅迪奇的維納斯雕像。在絕望中，他望向雕像那「似乎能遮掩前額各處微小稜角的美麗鬈髮」。他已將靈魂交給了鐵石心腸的女魔頭。西佛林從最初的遐想，而後臣服，終至絕望，隨著故事一路而下的起伏轉折，沙瑟梅佐克對照搭配了以嗅覺感受的描寫。

散發情慾的氣味

作家將氣味情色化時，多少也會洩漏若干自身的底細。以美國小說家凱瑟（Willa Cather, 1873-1947）為例，她終身未嫁，長期與女性友人同居。她的性傾向不明，酷兒研究領域對她有諸多揣測。《啊，拓荒者！》（*O Pioneers!*）是她發表於一九一三年的小說，講述發生在美國內布拉斯加州邊境的畸戀，以及注定無疾而終的愛情。

小說女主角柏格森不會感情用事，待男人如哥兒們，從未結婚，也不談戀愛。《啊，拓荒者！》書中的許多室內氣味，如酒味、煙味、濕羊毛、煤油及有害的墨西哥菸草味都不好聞，粗劣且男人味十足。反觀戶外氣味則真情流露、近乎情色，有「渴望縱情於犁下」的春季褐土「濃而清新的氣味」、雨後野玫瑰的香氣、成熟的玉米田與麥田、甜美的苜宿、傍晚「瀰漫著重重野生棉花氣味」的空氣，還有「更強烈的仲夏芬芳」。在柏格森的浪漫綺想中，有位健壯的無名男士帶著她遠走高飛：「她沒見過那男人，但闔上眼睛便能感受到他宛如陽光般金黃，成熟玉米田的氣味圍繞著他。」凱瑟對人的性慾像極了她把自然景物情慾化的手法，酷兒研究者也許遺漏了這一點。從嗅覺線索可知，凱瑟的性向極廣，沒法將她單純歸為同性戀或異性戀。

氣味的隱喻手法

美國小說家福克納（William Faulkner, 1897-1962）的晚年，曾有學生詢及他作品中提到的許多氣味。福克納回道：「嗅覺或許是我較為敏銳的感覺之一，也許比視覺還敏銳。」我認為福克納這麼說，只是應和那位後生晚輩的問題。我不認為嗅覺是福克納較敏銳的感覺，因為那與我們所知有關他的一切並不相符。他的衣著樸實，顯然不搽古龍水。他早期的情詩曾輕描淡寫地提到紫丁香，不太看得出他具有高超的氣味覺察力，描寫氣味的方式也不甚自然。他確實大量運用氣味，但字字精心琢磨。福克納曾被喻為「美國小說史上最激進的革新者」，得到這個稱號不是因為真的擁有「較為敏銳的感覺」而備受矚目，而是因為他用的氣味隱喻具有高度的原創性。

福克納將故事背景設定為美國南方，運用刻版印象中鮮甜浪漫的紫藤與忍冬氣味，將它們轉化為憂傷與「南方歷史固有悲劇」的象徵。在《不敗者》（*The Unvanquished*）這部小說中，福克納進一步挑戰極限。這部小說的主角是年輕的薩托里斯，他是美國南北戰爭時南方十一州聯盟騎兵隊的上校之子。福克納起初運用傳統手法，將氣味搭配情緒，以火藥對應衝突，枯死的玫瑰對應遇害身亡的老婦人。直到最後一章運用馬鞭草的氣味，福克納終於讓讀者見識到他獨到的嗅覺象徵手法。實際上，真正的馬鞭草近乎無味，福克納把它講得好似具有香氣，使讀者將其氣味視為勇氣與暴力的象徵。

對於每個場景的馬鞭草氣味，福克納都賦與不同的力量。薩托里斯走上前去與殺父仇人決鬥之際，他感到夾克上「此刻有著馬鞭草枝暴戾的氣息」。基於南方人的榮譽，他必須報仇雪恨。當那人開了兩槍，卻刻意不射中手無寸鐵的薩托里斯時，榮譽便在不濺血的情況下獲得了實現。薩托里斯回到家，馬鞭草的氣味現已淡卻，他也能超脫暴戾之氣，立於父親靈前聞聞花朵。我們了解他不再需要暴力，也滿足了勇氣的需求。氣味在現實生活中如月亮般盈虧互現，福克納的才華在於融和感覺與象徵。

他將氣味運用到極致的作品是《癡人狂喧》（*The Sound and the Fury*），這部小說講述美國密西西比州康普森家族的興衰。福克納運用插敘法，以不同人物的觀點說故事，每個人物都有屬於自己的氣味。弱智的班吉感受的世界是令人困惑的多重感官渾沌，他從照料者身上的氣味找到平靜，尤其是他老姊凱蒂，班吉老說凱蒂「聞起來像棵樹」。他們的弟弟昆汀對凱蒂懷有妄想、罪惡感且帶有情慾，搭配他的則是「拂曉色調的忍冬氣味」；昆汀準備自殺時，故事的氣氛改變了，忍冬的氣味也由刺鼻的汽油味取而代之。康普森家的哥哥傑森則刻苦而憤世嫉俗，他的感覺遲鈍，關於他的故事只出現汽油與樟腦的臭氣。這部小說的結尾出現一個全知的聲音，一反全書缺乏人性、沉重壓抑的香氣背景，為這個故事畫下句點，說出像是「如濕土、發霉與橡膠般難聞的晦澀」、「廉價化妝品的淡薄氣味」、「孤絕的梨花香」以及「四溢的刺鼻樟腦味」。

福克納試圖說服一位耳根子軟的大學生，說這一切出於敏銳的嗅覺，他並未「刻意」拿作品中的氣味大作文章。但在我聽來，他根本是胡扯。精工斧鑿的隱喻手法才不會自己冒出來呢。

芳香的戲劇之夜

一九九三年初，我收到美國波士頓新劇團（New Opera Theatre Ensemble of Boston）總監泰克（Roland Tec）捎來的信。泰克當時正在籌劃一部新作，名為《盲目的信任》（*Blind Trust*），這是個「男孩邂逅盲女」的故事，配樂與腳本皆為即興演出。全劇要在舞台上摸黑演出，場景要搭配氣味，以營造出不同地點的感受。他問我可否幫他們做到這點。

我當時任職於奇華頓香精公司，便遊說老闆說這是一項有趣的創意挑戰，可以免費宣傳，增加公司的曝光度，還能為我們賺得贊助藝術的名聲。於是乎，《盲目的信任》成了公司的正式企畫案，我們著手設計披薩館、花店、洗衣店及電影院的香氛。有些場景的香氣並不難開發，像花店只需要基本的花香配方，外加誇張的「綠色」調性暗示莖與葉；我們也為洗衣店準備了很棒的新漫亞麻布香調，披薩與爆米花則需要多費點工夫，於是我請求風味部門的跨部門協助。

以手邊現有的香精配方為出發點，下一步是要將它們調成在廣闊空間裡也能引發正確的嗅覺感受。對塗抹在身上的香精而言，這並不在考量範圍內，但研發空氣清新劑時，這卻是關鍵的一步。沾在聞香紙上聞起來很優的精油，透過噴霧器或精油蠟燭充滿室內卻會呈現全然不同的特色，香精有可能「瓦解」，或者有的成分蓋過其他成分，也可能完全喪失。為了掌握香精在實際使用時聞起來的感受，我們會在小房間進行測試。執行計畫時，我們在鐵皮屋內進行測試。

約莫一週之內，我就在鐵皮屋內針對《盲目的信任》專用香精展開非正式評估。我們的小組成員通常肩負著評鑑空氣清新劑半成品的任務，如今幫披薩味打分數，倒也樂在其中，而他們的意見也很受用（諸如「大蒜味重一點」、「紫蘇味淡一些」、「尋找更好的乳酪味」等）。有一天下午，我們正在測試爆米花的氣味，整棟樓的人紛紛前來打探是誰在微波爆米花呢。

一九九三年六月五日，《盲目的信任》在波士頓科學博物館的天文館首演。泰克的藝術概念要觀眾如盲人般，只用雙耳或鼻子感受一切，他不光是把室內燈光調暗，而是使整個場地一片漆黑。他捨棄優雅的歡迎辭，而是全場大聲朗誦節目單上的說明。音樂響起，演唱者緊鄰場地中央的星象投影儀而立。大廳的進氣口設於牆上約頭部高度的位置，泰克派遣四位氣味操控員站在進氣口旁，悄悄拿著噴霧罐，等候指示開始噴灑。我們很快就發現，即使四罐同時噴灑，在天文館內顯然還是不夠用。在客廳中濃郁的氣味，到了偌大的場地似乎微不足道。還有，下指令的時機也不是每次都抓得恰到好處，往往場景尚未轉換，氣味就搶先一步飄到了觀眾席，讓觀眾聞得一頭霧水。氣味特效還沒有營造出多重感官的真實感，就先使場中滿布疑雲。聞著我在劇中的貢獻，我認為還有不少改進的空間：披薩的蒜味過重，乾洗店場景的乾爽亞麻氣味則太淡。

在伸手不見五指的大廳裡，觀眾很難知悉場景何時結束，不確定何時該報以掌聲。在這場漫長又令人洩氣的表演結尾，泰克朗讀這場秀的所有製作班底，滿場困惑的觀眾所餘下的一絲共鳴也隨之蕩然無存。

《波士頓環球報》（*Boston Globe*）毫不留情地批評：「盲目的信任：捏住你的鼻子吧。」該報報導泰克的劇團「以政治正確的劍橋風格主題，創造出嶄新的類即興歌劇，博得了不錯的名聲」，卻同時將這齣新作批得體無完膚，說配樂若非模仿作曲家葛拉斯（Philip Glass）❹風格的「機械節律」，否則「一無是處」；即興演唱由「口白、聲樂與老掉牙的合音」堆砌而成；至於氣味呢，唉！真是「莫名其妙又難受」。

最後，奇華頓香精公司並未如願掙得美名，甚至沒人為我們的嘗試說句好話。一場表演本身已經臭名滿天下，我想再好的舞台氣味效果也救不了它。泰克繼續撰寫劇本、執導電影，然而上次我上網查詢他的自傳時，發現其中完全未提到關於《盲目的信任》一劇的隻字片語。

❹葛拉斯是美國著名作曲家，擅長以簡約的元素、重複的樂段營造強大的張力。近期常為電影譜寫配樂，包括《時時刻刻》、《楚門的世界》等。

第八章 好萊塢的嗅覺特效大夢

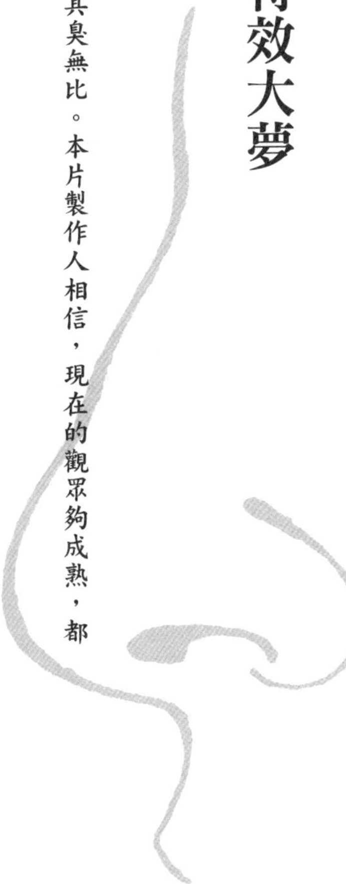

生命中有某些事物就是其臭無比。本片製作人相信，現在的觀眾夠成熟，都能接受這一事實。

——摘自電影《家庭主婦抗暴記》（*Polyester*）的序言

導演華特斯（John Waters）❶的電影《家庭主婦抗暴記》於一九八一年首映，我在費城一家爆滿的戲院觀賞這部影片。當銀幕上人稱「肥婆」的角色（由肥胖粗魯的藝人「神女」❷飾演）

❶華特斯是B級片名導，「邪典電影」（cult film）代表人物，多以噁心、惡搞的風格描繪小人物世界，賣座極佳。他的片商「新線影業公司」（New Line Cinema）也因此成為美國最大的獨立製片公司，投資拍攝《魔戒》三部曲等片。

❷本名為米爾斯提德（Harris Glenn Milstead, 1945-1988），以身材肥胖的變裝皇后形象深植人心。「神女」是華特斯的愛將，最後作品為《髮膠明星夢》，電影發行月餘即過度肥胖而暴斃。此片於二〇〇七年改拍新版，由約翰屈伏塔飾演「神女」的肥婆角色。

在床罩底下放了個屁，我和在場的大夥一樣，刮去「氣味戲劇」（Odorama）刮刮卡的其中一格，把鼻子湊上去聞。頓時哀號聲此起彼落，大家都知道自己刮出了啥，也全都聞到了。華特斯至今還對他出的怪招津津樂道，他對我說：「全世界的觀眾都排隊等著付我錢聞屁呢。」

「聞電影」這個點子作為笑柄已經很久了，人們早已忘卻紐約、芝加哥與洛杉磯各主要戲院都曾播放有氣味的電影。歷史並沒有很眷顧「嗅覺電影」（Smell-O-Vision）或其競爭對手「香氣電影」（AromaRama），這些電影在《怪怪藝術與娛樂》與《影響美國的二十大可恥教訓》等書被拿來大大挖苦。英國的《泰晤士報》社評則憋起鼻子，稱它們為「電影臭傢伙」及「歷史上的大摟子」；嗅覺電影更與男士生髮俱樂部、休閒裝束與新可樂同列《泰晤士報》的世紀百大爛點子。麥維德兄弟（Michael and Harry Medved）這對兄弟檔影評人將嗅覺電影提名了「金火雞獎」，列於「好萊塢史上最愚蠢又不受歡迎的『科技進步』」獎項的入圍名單。

那些專家自以為是、大肆嘲諷，對我而言形同惡意中傷，原因有二。首先，我從好萊塢歷史上具有氣味的一些時刻感受到溫暖的情感連結，也許是由於我個人在氣味實驗失敗的《盲目的信任》一劇插了一腳，或者在網路泡沫時期參與過新創公司「數位氣味公司」的營運，這家公司的目標是透過個人電腦所連接的氣味發生器，將氣味帶進網際網路。要評論家相信人們打從心底對有氣味的娛樂形態感興趣，為何會如此困難呢？第二個原因是，我始終懷疑報章雜誌與傳播媒體學者忽略了一件重要的事：如果這個主意果真很遜，大眾為何仍如此著迷？於是，我決定更深入地檢視一番，開始埋首於一捲捲的微膠片中，並與親身體會過嗅覺電影與香氣電影的人們閒聊。

這麼做有何目的？答案是：我想找出叫囂的背後有什麼內情？

氣味電影初嘗試

將電影氣味化的初嘗試，可回溯至最早期的默片年代。這個獨創構想的來源是人稱「羅西」（Roxy）的羅達斐（Samuel Rothafel, 1882-1936），他是傳奇的劇院經理人，經營紐約的雷雅托（Rialto）與史川德（Strand）等大劇院。他砸下大把銀子打造一座影城，用自己的名字「羅西」命名，成了全美國電影院的通稱。好萊塢能有如今這番榮景，他絕對居功厥偉。不過，羅達斐的氣味電影卻有些破綻。

據《電影日報》（*Film Daily*）報導，羅達斐「早在一九〇六年，便於賓州佛瑞斯特市他經營的默片戲院試用過玫瑰。為了播放帕沙第納玫瑰杯大學美式足球賽的新聞剪輯片，他用脫脂棉浸泡玫瑰精油，置於電風扇前方。」這個迷人的故事受到電影史相關書籍一再傳頌，唯一的問題是：一九〇六年並未舉辦玫瑰杯賽事。第一屆玫瑰杯於一九〇二年開打，賽況一面倒（密西根大學把史丹佛大學打得毫無招架之力，打完第三節便以四十九比〇的懸殊比數提前結束比賽），於是在往後的幾年，主辦單位玫瑰競賽協會不再舉辦美式足球賽，改辦戰車競速比賽，美式足球賽直到一九一六年才捲土重來（由華盛頓州立大學以十四比〇擊敗布朗大學）。

所以呢，羅西在一九〇六年吹送玫瑰精油的電影究竟是哪一部呢？加州帕沙第納市自從一八九〇年即舉辦元旦玫瑰花車大遊行，維太放映機公司（Vitascope Company）則於一九〇〇年首度將這項活動拍成影片。羅西拿來加味的新聞剪輯片，比較可能是拍攝一九〇六年玫瑰花車大遊行布置得美輪美奐的花車。

這天外飛來一筆的花招，羅西再也沒玩第二次，但其他人競相仿效。一九二九年，波士頓芬威戲院經理把大約五百毫升的紫丁香香水倒進通風系統，刻意安排在螢幕上打出片名《紫丁香時光》（*Lilac Time*）之際，將香氣吹向觀眾。同年，洛杉磯的中國戲院放映米高梅出品的《好萊塢回顧》（*Hollywood Review*）也施放了柳橙香氣；大型音樂劇《橙花時代》（*Orange Blossom Time*）演出期間也用了同樣的氣味。

氣味的戲劇效果

有氣味的娛樂方式作為一種藝術形式，不只需要放映師拿著螺絲起子與香水瓶施放氣味。約在當時，其他人持續針對氣味在藝術與戲劇方面的潛力提出嚴肅的想法。作家赫胥黎（Aldous Huxley, 1894-1963）於一九三二年出版的小說《美麗新世界》便提供了一些可能性：

> 嗅覺器官演奏著清新宜人的草本狂想曲：百里香、薰衣草、迷迭香、羅勒、香桃木及龍艾，以琶音旋律陣陣微漾；一連串香氣音階連彈大膽地轉調為龍涎香；最後經由檀香、樟腦、側柏及新割稻草（偶有微妙的不諧和音，像是腰子派那若有似無的豬糞味），緩和地回到曲子

開頭的單純芳香。百里香終曲漸歇；全場掌聲如雷；舞台燈亮。

想得可真美呢：氣味一波波衝進鼻中，時機恰到好處，旋即倏然消失。但我從《盲目的信任》一劇得到了教訓，透過開闊的空間輸送氣味其實是一種不精準的藝術形式。風扇吹出的氣團移動緩慢，殘留時間也過久，最後會成為嗅覺的負擔。

問題還不止於此。嗅覺器官傳遞氣味時，縱使可如赫胥黎的想像般既精準又不拖泥帶水，觀眾的狀況也很難持久。香氛的琶音吹奏過快，人類的鼻子無法感受分明（另一方面，老鼠卻可能辦得到。鼠類每嗅一次，便可產生鮮明的氣味景象，而且牠們一秒鐘吸嗅好幾次，因此頗容易維持下去），而且人鼻運作的時間尺度較長，無法如耳朵傾聽曲調般追蹤氣味旋律。即使是緩慢的氣味變化，觀眾也會一頭霧水。

布福特（Bill Buford）❸在一家義大利餐廳當廚師時，便體驗過典型從容的嗅覺節奏：

上午，大致準備就緒，他們迅速端出一道道料理，氣味有如樂音般一波接一波襲來。先有肉的氣味，廚房中滿是濃郁的羔羊肉香。接下來幾分鐘是金屬缽裡融化的巧克力。隨之而來的

❸布福特是《紐約客》雜誌編輯，因熱愛美食而拜名廚為師，自願到米其林三星餐廳的廚房當學徒，寫出《煉獄廚房食習日記》（*Heat*）一書。

是牛肚味，怪得有些無厘頭（你鼻中的巧克力一會兒就被燉牛雜取代，產生了突兀的落差）。然後是熱鍋裡的章魚所散發的醇美海鮮味，緊接在後的則是搾乾的鳳梨。如此這般逐一登場。

加味電影始祖

嗅覺電影還有另一項難處，即換場時必須徹底消除空氣中的殘餘氣味。早在一九三三年，資深影人梅爾（Arthur Mayer）裝設第一套真正的室內戲院氣味系統時，便發現了這個問題。當時他剛從派拉蒙手中接收百老匯的雷雅托劇院，有位投資客找上他，號稱能與電影情節同步將氣味傳送到觀眾席。那人的示範影片以一對年輕戀人為主角，還伴有各種各樣的氣味，然而試片時狀況百出，梅爾回憶道：

> 風箱如此精準地把氣味送出，理應要有同等的效率將氣味抽回去。可惜在這個環節上，這項發明尚未臻於完美。觀眾席上混雜了忍冬、培根與消毒水的氣味，花了我們一個小時善後，而且在往後幾天裡，那些熟透蘋果的濃濃氣味依舊不散，有位朋友還問我，劇院裡是不是兼賣蘋果白蘭地呢。很久之後，我才終於對氣味電影失去信心，而我們（說實在話，要不是身為劇院的合夥人，我絕對是氣味電影的死忠支持者）似乎永遠也找不到把氣味抽回去的巧門。

梅爾並未指明與他一塊兒進行嗅覺電影實驗的投資客是誰，但他書中有幅漫畫透露了一些端倪。漫畫中，梅爾在放映室向下凝視場中，放映機旁有一具龐然大物，連接著貼有「玫瑰」、「忍冬」、「來舒消毒水」、「熟蘋果」等標籤的管子，氣味管則伸進朝劇院開放的通風管道中。這種配置正是李維爾（John H. Leavell）在一項美國專利所揭示的系統，於梅爾與不知名投資客見面的三年前公告。假如在雷雅托劇院玩氣味的真是李維爾，儘管他與梅爾的共事時間不長，李維爾號稱加味電影的始祖也當之無愧。

無論如何，將電影氣味化的構想已經展現出自己的活力了。動畫大師迪士尼（Walt Disney, 1901-1966）於一九三八年製作音樂動畫片《幻想曲》時，也對這個構想躍躍欲試，他考慮為該片的〈胡桃鉗組曲〉配上花香、用焚香的氣味搭配〈聖母頌〉與〈信經〉，並以火藥味襯托〈魔法師的學徒〉的邪惡氛圍，迪士尼請來的指揮家斯托科夫斯基（Leopold Stokowski, 1882-1977）尤其熱中於此。如此「大好的噱頭」最終迫於預算考量而胎死腹中，迪士尼縱有千百個不願意，也只能向現實低頭。

一九四四年，華納兄弟推出卡通《兔寶寶》，有一幕描寫兔寶寶與他的死對頭法德（Elmer Fudd）晚年的光景，老法德讀著二〇〇〇年報紙的頭條：「嗅覺電影取代電視。」當時正值美蘇冷戰時期，蘇聯對老美發展這項技術感到很刺眼，於是也積極嘗試投入研發。俄羅斯電影導演亞歷山卓夫（Grigory Alexandrov）於一九四九年宣稱，蘇聯的電影業「即將製作出氣味電影」，不過史料中並未有成功的記載。

通往嗅覺電影之路

勞布（Hans E. Laube）以嗅覺電影為畢生志業，這位名不見經傳的瑞士裔美國企業家熱愛芳香，他的發跡要從一九三九年說起。高個子、戴著眼鏡的勞布來自瑞士蘇黎世，當年三十九歲，是位廣告執行製作，很有發明天分，也對芳香滿心熱情。他當時研發出一套劇場氣味系統，用來在電影放映期間釋放多種氣味。他與金主巴斯（Robert Barth）與電影製作人薛佛（Conard A. Schlaepfer）一起創辦談香製片公司（Odorated Talking Picture）。

為了展示這項新技術，這家公司的合夥人出資三萬瑞士法郎（約合今日新台幣三百五十萬元），拍攝了一部英語劇情片《我的夢》（*My Dream*）。該片初期的情節設定包括二十種氣味：「年輕人在公園裡邂逅一位美女。美女不見了蹤影，但遺落了一條散發著香氣的手絹。年輕人根據這股芳香展開尋芳之旅，觀眾也能依序聞到玫瑰的芳香、醫院的氣味、汽車廢氣，最後是小倆口在哥德式教堂舉辦婚禮時的焚香氣味。」

談香製片公司的合夥人於一九三九年十二月二日在瑞士伯恩舉辦記者會，將這套系統公諸於世，新聞於一九四〇年二月登上《紐約時報》。好事還在後頭，他們準備讓《我的夢》在紐約世界博覽會的瑞士館放映。

一九四〇年十月十九日週六晚間，勞布的加味電影首次（顯然也是最後一次）在美國公演。電影史學家杜蒙（Hervé Dumont）描述當時的狀況：「放映結束時，談香公司的設備連同影片唯一的拷貝都遭美國警方沒收，理由是美國境內已有類似的系統受到專利保護。贊助商於是留在當地，窮盡各種訴訟手段，只為取回他們的資產，可惜徒勞無功；一切投資付諸流水之後，巴斯與薛佛相繼客死異鄉。」

儘管經歷這場憾事，勞布仍拒絕罷休。二次世界大戰期間，他留在美國推銷他的發明。勞布大力促銷一種超級市場廣告看板，在放映食品廣告時伴有氣味；他還開發一種裝置，號稱能在播放電視節目時同步放送氣味，於是在自家客廳有超過二千種氣味任君選擇。然而，電影與電視事業持續低迷，他的幻想破滅，於一九四六年返回歐洲。

電影大亨來了

勞布這位沉默寡言而熱情的發明家要是沒遇到陶德（Michael Todd, 1909-1958），可能就走不下去了。陶德是才華洋溢的百老匯經理人，他有冒險精神，好勝心也強。陶德大膽運用特效吸引大眾，他的每一齣賣座歌舞劇無不以奢華的布景或舞台效果著稱。

陶德對特效的興趣超乎一般業界人士，若干製片技術的發明與商業化都靠他助一臂之力。陶德的百老匯賣座歌舞劇《火熱天皇》（*The Hot Mikado*）於一九三九年世界博覽會開演，在打理表演事務之際，他結識了電影工程師華勒（Fred Waller）。華勒當時正展示一套由十一具電影放映機所構成的廣角放映系統，稱為「Vitarama」。「新藝綜合體」（Cinerama）則是華勒的另一項發明，是用三具攝影機攝製成寬銀幕形態，影像則投射於特殊形狀的銀幕上，結果陶德成為他的金主。對陶德來說，經費與複雜的技術從來不成問題，他的熱忱與業務手腕就是有辦法讓片商乖乖掏出錢來安裝新設備。一九五二年，他以《這就是新藝綜合體》一片引起轟動，觀眾在觀看紐約科尼島（Coney Island）的雲霄飛車一鏡到底的影片時，彷彿身歷其境般興奮不已。這項技術可說是當年的IMAX，最終也演變成今日的「Panavision」寬銀幕系統。

在世界博覽會中，陶德可能也注意到另一項有前景的技術，即勞布的談香製片公司。沒有人知道陶德與勞布是否在會場見過面，總之他設法抓住了勞布這位氣味狂人。一九五四年，勞布重返美國，嘗試將香氣帶進電影與電視。該年他向陶德展示技術，陶德即決定投資這套新系統。

勞布在一九五四年申請的美國專利揭示一種裝置，其中設有轉盤，轉盤上放置氣味罐。動畫片上的電子式氣味追蹤器會啟動轉盤，將所需氣味轉至集氣口下方，由集氣口將氣味吸上去，並透過連接至椅背的管子注入戲院；液態香料並經由過濾除去較重的香調，防止氣味殘留過久。為了在施放不同氣味之間使空氣回復清新，裝置上設有一罐「氣味中和劑」。氣味能以固定順序施放，或由氣味追蹤器將轉盤轉至任何欲施放的氣味罐。勞布的構想是，安裝這套裝置的戲院固定配備一套標準氣味，而如果電影有特殊的氣味效果，則隨同拷貝寄送量身訂做的氣味套組。

一九五五年，勞布的事業獲得了動能。他在紐約的新藝綜合體—華納戲院為他的系統辦了一場私人展示會，用的影片是精簡版的《我的夢》。這場展示會必定辦得頗成功，因為他說服擁有「新藝綜合體」各種權利的史丹利華納公司（Stanley Warner Corporation）贊助他的進一步研發。

為了確保他的發明在國際間的權利，他提出歐洲專利申請案，接著又申請第二項美國專利。同年五月，勞布談了一個月的戀愛後再婚；七月，他獲得「味視公司」（Scentovision, Inc.）這家新創的公司股份。

一九五六年九月，在陶德位於紐約的華納電影院，味視公司為業界高層舉辦了另一場私人展示會，放映八分半鐘的十六厘米影帶，前後使用了十七種氣味。《動畫日報》（*Motion Picture Daily*）意有所指地報導，某頂級戲院將於九個月內裝設勞布的系統，且味視公司正與想要使用這種方法的製片人洽談條件。一九五七年十一月，勞布等人所申請的「同步散發氣味之動畫」獲准公告為美國第二八一三四五二號專利，消息也上了《紐約時報》。

氣味電影躍躍欲試

陶德的第一部電影是一九五六年鉅片《環遊世界八十天》，採用的行銷策略是密集宣傳該片的少數幾場首映會，並大量販售周邊商品（該片的原聲帶是第一張賺大錢的非音樂原聲帶）。他於一九五七年初迎娶女星伊莉莎白泰勒（兩人都是第三段婚姻），一個月後，這對新婚夫妻聯袂出席奧斯卡頒獎典禮，《環遊世界八十天》也奪得當年度的奧斯卡最佳影片。拍電影的利潤滾滾而來，陶德開始物色下一個計畫，他覺得此刻正是趁勢轉進氣味電影的大好時機。

味視公司總算上了軌道，勞布有了專利，有了原型系統，有了公司為其打知名度。陶德承諾贊助這項技術，並考慮以之拍攝一流的電影。後來在一九五八年三月二十一日，陶德搭乘的私人座機冒著暴風雨降落美國新墨西哥州格蘭茨市（Grants）時墜毀，他不幸罹難身亡。

陶德下葬之後，兒子小陶德（Mike Todd Jr.）接掌父親的製片公司，在此之前，他已在公司裡上了幾年班。小陶德雖無乃父的領導風範與大小通吃的野心，卻也不失為精明又長袖善舞的年輕人，很有自己的抱負。他或許希望利用新的製片方式造成轟動、揚名立萬，便把自己的身家與公司的資源押在一項名為《致命芬芳》（*Scent of Danger*）的氣味電影企畫案。小陶德與勞布簽訂一紙長期專任合約，並把公司在紐約的倉庫借給他當工作空間，還讓他在芝加哥的影台戲院（Cinestage Theater）安裝並全面測試。

陶德紐約辦公室的秘書詹森（Glenda Jensen）回想那時，勞布緊鑼密鼓地籌拍電影，於一九五八年夏天與小陶德和編劇魯斯兄妹（Williams and Audrey Roos）定期會面，精心編製出一部腳本，用來展現他的氣味效果。《環遊世界八十天》的片商聯美影業公司（United Artists）也同意買下影片。遭逢喪夫之痛的伊莉莎白泰勒則在這部聞得到氣味的電影客串十秒鐘，飾演一位身處謎團核心的女人。

那年夏季尾聲，《電影日報》報導一位名叫韋斯（Charles Weiss）的公關經理正籌拍氣味劇情片。韋斯電影氣味公司（Weiss Screen-Scent Corp.）邀請知名香料公司羅地亞（Rhodia）提供氣味，透過戲院的空調系統吹遍觀眾席的每個角落。報載該片於一九五九年三月二十六日開拍，預定於同年底在美國紐約、洛杉磯、芝加哥、費城與底特律同步上映，至於導演、製片、演員及攝影棚相關訊息則隻字未提。小陶德與勞布若知這個威脅多麼確切，一定如坐針氈。

嗅覺電影如火如荼

小陶德的電影於一九五九年三月三十日在西班牙開拍，他的超級公關發言人道爾（Bill Doll）對媒體頻放風聲。《電影日報》有則報導透露該片的演員陣容、新片名為《謎之香》（*Scent of Mystery*）、新製片方式的名稱（嗅覺電影）以及上映日（同年八月於芝加哥首映）。這篇報導附帶刊登了一幀現今很有名的照片，其中小陶德與勞布分立於一具氣味產生器機械核心的兩側。《洛杉磯時報》則揭露該片的廣告標語：「電影先是會動（一八九三年），接著會說話（一九二七年），現在開始聞氣味（一九五九年）。」

於此同時，勞布著手在芝加哥的影台戲院安裝並測試他的系統。在他的機器中，氣味裝在一組共四十支四百毫升的鋼瓶或「小格」中，一根類似注射器的集氣頭下降伸入瓶格，汲取香精二毫升，並將其注入風箱。加了味的空氣經由塑膠管線輸送至戲院，從椅背上設置的有孔鋼瓶（長約四十五公分、直徑約二公分）散發出來。

連著幾個月，勞布每週往返紐約與芝加哥，他討厭搭飛機，寧可坐一趟長達十七個小時的火車。同年六月左右，他的密友與合作夥伴古德（Bert Good）加入，勞布便於百老匯大街一七〇〇號的空倉庫開始進行長時間實驗。他們在臨時實驗室弄了一排戲院座椅，每天都泡在那兒針對氣味的輸送狀況進行微調。威廉森（Hal Williamson）當時是陶德製片公司的新雇員，他記得最常造訪測試地點的人是小陶德。

這套系統終於準備就緒，可以對聯美影業公司的高層展示，包括公司總裁班哲明（Robert Benjamin）。伊莉莎白泰勒此時已繼承陶德的遺產，也參與這項計畫的投資，於是趕來參加展示晚會。會中狀況百出，但這項新技術令聯美的執行高層印象深刻，因此同意繼續贊助。

這部電影於一九五九年七月四日殺青，進度已經嚴重落後，原訂八月的首映會也延後至年底。小陶德對《紐約時報》表示，他們需要額外的時間來完成音效與氣味的安排，勞布則日以繼夜地工作。幸運的是，他的第二項美國專利於同年九月核准公告，讓他與小陶德得以在報紙上繼續曝光。

要是嗅覺電影流行了起來，就必須趕製足夠的氣味產生器，以供全美各地的電影院裝設。他們與畢拉克儀器公司（Belock Instrument Company）敲定了這樁交易，該公司是美國長島的一家國防工業承包商，為擎天神飛彈與北極星飛彈提供導向與控制元件。畢拉克公司當時正為其技術尋找消費性應用，便同意製造氣味機，並提供當時最先進的八聲道立體聲系統。該公司一九五九年十月的財報中，還特別刊登了一張嗅覺電影機器的照片呢。

陶德集團當時斥資近二百萬美元（相當於現在新台幣五億元）製作該片，這對一九五九年的好萊塢而言可不是個小數目。該片使用七十釐米攝影機與八聲道，拍攝場景遍及西班牙各地，花費本即昂貴，彼得羅爾（Peter Lorre；以演出《北非諜影》與《馬爾他之鷹》等片成名）等演員陣容的價碼也不斐。

陶德集團也投資了一大堆周邊商品，夏帕瑞麗公司（Schiaparelli Company）生產一款限量

「謎之香」香水，伊莉莎白泰勒在片中所飾角色就是噴這種香水，與觀眾看電影時在戲院裡聞到的一樣；戲院出售三十頁的紀念版節目單，內附軟質黑膠唱片；該片主題曲由輕唱派歌手艾迪費雪（Eddie Fisher）主唱，發行每分鐘四十五轉的單曲唱片、電影原聲帶唱片專輯與散頁樂譜；編劇魯斯兄妹所著的平裝版電影原著小說由戴爾（Dell）出版社出版，以電影劇照作為插圖；公關發言人道爾為了宣傳電影，準備了四十餘張宣傳照對外發布，每張都附有說明文字，許多宣傳照都刊登於報紙與全國性雜誌。如此的大手筆，可見嗅覺電影團隊不會滿足於蠅頭小利，他們期待能從大量投資獲取豐厚的回報。

強敵現身

一九五九年十月十七日，《紐約時報》報導小利德（Walter Reade Jr.）「如火如荼進行一項計畫，預計在十二月二十二日陶德電影的芝加哥首映會前搶先發表自己的氣味電影系統」。

時年四十二歲的利德經營連鎖戲院與大陸發行公司（Continental Distributing, Inc.），都是繼承自他老爸。他剛以三十萬美元買下一部共產中國旅遊紀實片的版權，先前曾由一家義大利片商發表過。利德重新編輯這部片，並為之配以氣味。在一場記者會中，利德透露他的電影將採用一種新的製片方式，稱為「香氣電影」，並將該片命名為《長城的背後》（*Behind the Great Wall*）：

「你聞了就知道！」

陶德與勞布最擔心的是，利德的電影將於十二月二日在紐約首映，比嗅覺電影在芝加哥的處女秀足足早了三週。《新聞週刊》發覺利德「顯然正加緊腳步，打算在陶德的首映日前搶先上映」，便順勢想了個雙關語，宣稱「陶德可能會被打得『鼻』青臉腫」。嗅覺電影與香氣電影之間的大鬥法於焉白熱化，正如《綜藝》（*Variety*）雜誌所稱的「氣味大戰」。

根據利德所發的新聞稿，香氣電影透過戲院現有的空調管路，以氟氯烷幫助施放氣味，但有電子式空氣淨化器防止氣味積聚於觀眾席。新聞稿宣稱，一罐預混氣體可持續二十一場次，每一戲院的安裝費用落在三千五百至七千五百美元之譜。

詳細的內情是，利德的香氣電影就是韋斯在十三個月前發表的系統，韋斯現已加入香氣電影的團隊。問題來了：利德究竟獨得韋斯的事業，抑或韋斯始終是利德的幌子呢？

香氣電影搶先首映

《長城的背後》於一九五九年十二月二日在紐約的迪密爾戲院（DeMille Theater）開演，成了首部上映的商業氣味電影。利德選的首映場地就在陶德的華納戲院正對面，如果不是巧合，就是有互別苗頭的意味。首映會的格調並沒有特別高，作家蒂蒂安（Joan Didion）為《國家評論》（*National Review*）雜誌做的採訪紀要如下：

> 戲院暗下來之前，香氣電影的狂歡便已開始。場外，穿著韃靼獵裝的男士在第七大道閒

逛，手臂上還有隻老鷹布偶。大廳裡都是滿臉青春痘、紮著辮子、戴著斗笠的年輕人，以及畫了眼線、穿絲質錦緞旗袍開叉過膝的女服務員。只不過詭異的是，迪密爾戲院銀幕上的每個角色都是住在紐約布隆克斯區的純種高加索白人，整個氣氛近似舊金山的老式平價夜總會「公共租界」。而在樓上，服務員為「秦李記餐館」的顧客奉茶，該店搭著這娛樂界第三大奇景的順風車，促銷他們的罐頭炒麵。

至於影片本身，開場的切片柳橙特寫讓眾人賞心悅目。《紐約時報》發現其他氣味「就沒那麼鮮明，也沒那麼令人愉悅」。甘斯柏女士（Luz Gunsberg）也有同樣的反應，她的丈夫甘斯伯先生（Sheldon Gunsberg）是利德的助手，涉入香氣電影頗深；她記得「影片有一小段開場白，他切了一片柳橙，真是不可思議，簡直棒得難以置信。不過在那之後，氣味全混在一塊了，他們沒辦法將氣味排出；場面簡直糟透了。」從頭頂上排風管傾瀉出的氣味很濃。《時代》雜誌報導那些氣味「濃得足以讓獵犬頭痛」，《紐約客》雜誌則稱此經驗「重創嗅覺神經」。甘斯柏女士說：「我丈夫回到家後，我們必須把他的衣服掛滿屋子，並打開所有窗戶，因為氣味散不出去。它們真的充滿每個角落。」陶德的屬下威廉森也買了票，前來刺探軍情：「散場時，你衣服上滿是倒進空調系統那些玩意的氣味。在我印象裡，空氣中甚至還有些小水珠。」

那些氣味出自羅地亞的調香師薇登菲爾（Selma Weidenfeld）之手，被批評不夠細膩。《時代》雜誌認為它們「即使對一般未經訓練的鼻子，可能都像是贗品。例如，北京美麗的老松樹林聞起來就像噴灑消毒水後的地鐵站洗手間。」（我要替薇登菲爾說句話，因為在試香瓶中聞起來很棒的配方，一旦充滿整個房間就會完全分解。要她在工作檯前設計出供整個觀眾席聞的香氣無異於希望一位能在米粒上刻字的微雕師傅開著飛機在空中寫字）。純就數目與範圍而言，香氣電影的氣味無人能敵，尤其是茉莉、草地、焚香、香料、醬油、老虎和岸邊刺鼻的氣味。不過據《紐約時報》、《綜藝》雜誌與《紐約客》雜誌多數評論家的意見，這些氣味並未提升真實感，反而令觀眾分心。

還有，氣味與情節的同步方面也出了問題。《綜藝》雜誌表示：「機器所製造的嗅覺風味常對不上銀幕放映的景象。」《時代》雜誌則抱怨：「氣味不一定跟得上快速轉換的場景，其中一幕情節是在戈壁沙漠，觀眾卻清楚聞到草味。」利德的廣告與公關人員貝斯（Paul Baise）則有第一手感受，他告訴我：「整場電影只有一小段稱得上香氣電影，因為不一會之後，所有氣味全混在一塊、相互重疊，而且在錯誤的畫面時冒出來。它完蛋了，因為無法同步。」

眾人不光繞著利德的計畫一陣冷嘲熱諷，還從其名開始批評：「AromaRama」（香氣電影）這個名字，只是要取笑陶德的「CineRama」（新藝綜合體）。而選《長城的背後》作為展現香氣電影特色的影片，則是針對陶德的另一項挖苦，因為旅遊紀實片可是新藝綜合體的特長呢，例如《新藝綜合體假期》與《新藝綜合體南海探險》等。利德的策略惹毛了小陶德。他在一九五九年的耶誕卡上寫了一段短文，開頭是「就讓寬容的赦免超越其他一切『視野』與『戲劇』」，接著是「我將嶄新境界的樂趣帶進這充滿紛爭的世界給你」。

利德的所作所為並不像是希望影片賣座的做法；據《綜藝》雜誌報導，他只製作了剛好足夠六家戲院同時上映的拷貝。他沒生產任何電影周邊商品，也不像陶德那樣在首映會邀集名流致詞。他並不積極設立公司以進行相關運作，直到電影首映前一週才成立了「香氣電影工業公司」（AromaRama Industries, Inc.）。利德宣傳他的氣味系統比宣傳電影更賣力，他在電影海報的最上方印上「香氣電影」的巨型字樣，下方才用四分之一大小的字體打上片名。（反觀陶德的嗅覺電影字樣，則是以較小的字體列於片名下方。）

《長城的背後》引起廣泛的負面反應，對即將發表的《謎之香》是一種警訊。《綜藝》雜誌指出，香氣電影的紐約票房不惡，但也沒特別賣座。利德等人「顯然不希望就這樁事業大肆慶祝」。《綜藝》雜誌甚至在嗅覺電影上映之前，就準備讓「氣味電影」的概念出局了。當我問到利德與韋斯對嗅覺電影造成的衝擊時，威廉森表示：「事後看來，他們對我們事業造成的傷害，比我們的氣味偶爾凸槌還來得大。利德的紐約首映會在新聞界留下極差的評價。」連利德等人都坦承出了錯。貝斯表示，香氣電影「在粉墨登場之前就注定失敗了，但我們仍不顧一切勇往直前，呈現為全新的革命性作品。」他說，香氣電影「屬於實驗室，不是讓大眾付費觀賞的」。

小陶德的反擊

《謎之香》於一九六〇年一月十二日在芝加哥首映，陶德的超級公關機器說得天花亂墜的噱頭都已經準備就緒。伊莉莎白泰勒在大批記者的簇擁之下，從紐約搭包機飛抵現場，許多製片人則在娛樂圈人氣聚集的弗利茲餐廳（Fritzl's）舉辦試片雞尾酒會。電影開演前，先放映一段配了十五種氣味的卡通片《古老氣味傳說》（*The Tale of Old Whiff*），配音員是在《綠野仙蹤》飾演懦弱獅子的洛爾（Bert Lahr, 1895-1967）。會後的晚宴有將近二百五十人出席，許多娛樂界人士都名列其中。與小陶德共同主辦這場活動的伊莉莎白泰勒，剛剛改嫁給陶德在娛樂圈情同手足的歌手艾迪費雪。同年二月十八日，該片在紐約舉辦首映會，伊莉莎白泰勒的現身吸引了大批影迷與記者追逐。

電影本身引起的迴響雖稱不上熱烈，反應倒還不差。大多數評論家喜歡充滿異國風情的場景與情節鋪排，《綜藝》雜誌的反應可為代表：「以鼻腔為號召所訴說的故事。」《紐約時報》的克勞瑟（Bosley Crowther, 1905-1981）是少數不喜歡該片本身的評論家之一，他認為該片「整個情節都很蠢」，演員的演技也不佳（「爛斃了」、「毫無專業可言」）。至於氣味，克勞瑟似乎不太感受得到，他認為氣味是「全片最薄弱、甚至難以感受到的特徵」；他老覺得有某種「說不上來的感受一閃即逝」。

嗅覺電影的氣味躍出銀幕的方式頗為巧妙，當彼得羅爾在片中啜著咖啡時，觀眾會聞到咖啡裡添加的白蘭地。另一個角色在戶外市集裡一個踉蹌、幾乎跌個狗吃屎時，觀眾會聞到（但不會看到）香蕉味，這是把老掉牙的視覺笑料轉變為香氣笑料；尤有甚者，劇情中謎團的關鍵，正繫於彼得羅爾的菸斗所冒出的煙。

究竟誰是贏家？

著名影評人阿爾珀特（Hollis Alpert, 1916-2007）把嗅覺電影與香氣電影的比較寫在《週六評論》（*Saturday Review*）雜誌，他的觀點還算公道，可是毫不留情。他表示：「兩者都不算特別成功或令人激賞。技術雖有差異，然而氣味同樣不夠真實，也同樣飄忽不定。」其他評論家則多在美學上投給嗅覺電影一票。《時代》雜誌認為嗅覺電影的氣味「整體而言不比香氣電影所用的氣味準確或可靠到哪裡去，但至少不會臭得如此招搖。」《綜藝》雜誌寫道：「嗅覺電影的氣味好像比較清晰可辨，似乎不像香氣電影殘留得那麼久。」《紐約客》雜誌則說：「吸著鼻子細細回味多次之後，該說嗅覺電影比香氣電影來得細膩。勞布教授對於氣味的快速轉換似乎已頗為熟練；無論如何，他有辦法在銀幕上熱騰騰的麵包出爐之前，先把咖啡的氣味弄走。」

然而，嗅覺電影的優勢並不單是勞布的功勞。幾年後，小陶德認為他的公關發言人道爾也居功厥偉。他們在每次施放氣味之後使幫浦反轉，縮短前一個氣味的殘留時間，而這正是道爾的點子。小陶德說：「道爾兄在第三次首映會之後想到這個點子，我們採用了，效果也極佳，不過當時事情已成定局。」

早在一九三九年勞布創立「談香製片公司」時，他便說過，對一部劇情長片而言，十種氣味就夠了，因為再多的話，「大家的鼻子都會受不了。」勞布在一九五六年提出一項專利申請案，將最適當的數目上修至十二至二十種之間，《謎之香》則施放了三十種。看來，陶德與利德競相展示新系統之際，都讓觀眾們感到吃不消。

作風決定一切

氣味電影之爭還帶有性格的問題。小陶德不像父親那般激情，他彬彬有禮，優柔寡斷。影評人與片商看來並不把嗅覺電影當一回事，小陶德料想他將受到一陣揶揄，便採取玩票的態度來製作嗅覺電影。影評人阿爾珀特即認為，他是個「有點膽怯的革命家」。

老陶德則很樂於將賭注押在自己的才能上。據他的兒子表示：「當機會不站在他這邊，或演出有了麻煩，需要投注所有精力與心思時，這種時候他的戰力最強。」老陶德在緊要關頭最為強悍，他對演出的貢獻往往到了彩排後才顯現出來；他只在外埠播映預告片的期間才將引擎馬力加到最大。他兒子表示：「他在壓力之下獨自想出的點子最棒。」老陶德在表演與宣傳活動最後一刻的調整眾所皆知，因而成為在一片質疑聲中脫穎而出的贏家。不只如此，他也十分擅長激勵其他人，並知道如何施展科技魔法，製造出有效且具有娛樂價值的效果。

有人也許會很好奇：若老陶德還在世，嗅覺電影是否就此一飛沖天？我們不難想像他會逼著那些調香師發揮他們的極限，並於首映當晚在影台劇院上下走動，視察氣味的施放狀況。老陶德在娛樂圈的見地也會有所助益，電影可能更為生動，氣味效果可能更為精鍊。他的行銷天才應該也得以好好發揮；可想而知，他會在魅力十足的影星老婆襄助之下，大力推銷《謎之香》的香水。他也能對鼻子不靈光的克勞瑟與他的新聞界夥伴們侃侃而談。最重要的是，他會針對利德的策略迅速做出回應，或許還能將之轉化為助力呢。

威廉森表示：「我們若能多堅持兩個月，微調工作便大功告成。只不過在當時的評論與群眾反應之下，小陶德與伊莉莎白泰勒已無心繼續搞下去。」

就技術、影片與出資者而言，「嗅覺電影」都是娛樂界一場重要的賭局，只不過始終未成氣候。反觀「香氣電影」根本自始至終都無足輕重，論技術、商業頭腦及美學，它充其量是一記「反宣傳」的偷襲。嗅覺電影可不只是花拳繡腿，香氣電影卻少了些什麼，宣傳手筆也顯得小家子氣。利德只是出其不意地突襲小陶德，針對他的一舉一動死纏爛打。小陶德的性格不適合在娛樂圈打爛仗，他給了好鬥的對手過大的操弄空間。雖然評論家的評價倒向嗅覺電影，利德卻已有效地扼殺了任何商業上成功的遠景。

難道香氣電影不可行？

加味的電影純粹只是花拳繡腿嗎？導演華特斯認為是這樣。他告訴我，他的「氣味戲劇」刮刮卡靈感來自恐怖片導演卡斯爾（William Castle, 1914-1977），卡斯爾在一九五〇年代的宣傳手法，正是典型好萊塢式花招的代表。舉例來說，卡斯爾曾把震動式電動馬達隨機藏在座位下方，並在恐怖片《奪命第六感》（*The Tingler*）播映期間啟動馬達。卡斯爾的噱頭廉價又簡單，不必勞駕發明家長年窩在實驗室埋頭苦幹，也毋須花錢請律師處理申請專利、設立公司及制定授權協定等事宜。

我問華特斯，電影氣味能否超越噱頭而更上層樓？他說：「你是指真實地存在劇中嗎？不，我認為那永遠只是花招，因為那會將你帶離開電影。」

華特斯表示：「對我而言，《家庭主婦抗暴記》之所以賣座，是由於難聞的氣味所致。所有電影都會施放好聞的氣味，總以好氣味為始、以好氣味收場，但全片都有難聞的氣味，這正是該片成功的原因。若只有好氣味就絕不可能成功，因為太無趣了。你用了難聞的氣味，事情就好玩了。要是重施故技，那永遠只能用在喜劇。」

儘管口口聲聲強調一切只是為了好玩，等到卡通長片《原野奇兵》（*Rugrats Go Wild*）於二〇〇三年打著「氣味戲劇」刮刮卡問世時，華特斯卻勃然大怒，他的製片公司「新線影業公司」的律師主動出擊；很快地，《原野奇兵》與擁有該片的「尼克兒童電視頻道」（Nickelodeon）與「衛康影業集團」（Viacom）便放棄使用「氣味戲劇」這個名稱。

每一個花招的核心都有個值得守護的構想。加味的娛樂形態無論用在電影、舞廳、劇場或音樂聽，其概念依舊迷人，也廣受歡迎。就附加層面而言，凡視覺與聲音所能提供的一切可能性，包括令人嘆為觀止的真實性、驚喜與情緒轉移，以及能夠意會的批評、喜感與反諷意味，也都能從加味的娛樂形態獲得。我毫不懷疑嗅覺天分十足的導演能創造出娛樂性極高的氣味電影，但要求這樣的人也去開發必要的技術卻有失公允。在現今的無線數位世界裡，對觀眾施放氣味的高招可能就藏在某處，等到它得以實現，並被適當的創作之手所掌握時，我們或許就能看見嗅覺電影的新曙光。

餘味不絕

加味電影的黃金時期十分短暫，卻很轟動。它於一九五八年春天問世，一九六〇年夏天正式走入歷史。嗅覺電影也好，香氣電影也罷，都沒有再回到螢光幕前。

利德用於香氣電影的設備（不管那看來像什麼）已消失無蹤。一九九四年，小陶德的芝加哥影台劇院內部已殘破不堪，嗅覺電影的老設備擺在地下室，一直沒有修復。

嗅覺電影發明人勞布的千金在紐約曼哈頓上西城擁有一幢公寓。她出生時，父親已經五十六歲了，她太年幼而記不得父親對《謎之香》一片的興奮之情。然而她確實記得父親對氣味的熱情，也記得父親的創業精神最終消磨殆盡時，對於歲月不饒人所發出的感嘆。她給我看她父親的照片，照片中勞布穿著整潔幹練，總戴著一副簽了自己名字的黑框眼鏡。照片年代久遠：一九三〇年代人在瑞典的勞布，站在一輛賽車的車輪後方；還有他身著晚禮服站在豪華郵輪甲板上的身影；最後是一九三九至四〇年的紐約世界博覽會，勞布站在一些貨櫃旁，貨櫃裡裝著「談香製片公司」為了放映《我的夢》，從瑞士蘇黎世運抵會場的設備。

勞布小姐打開一只充滿回憶的盒子，將《謎之香》芝加哥首映會的門票與邀請函遞給我，上頭寫著：「費雪女士與陶德先生誠摯地邀請您……」還有一張為首映會後晚宴所印製的菜單，那場迷人的午夜盛會現場有兩團樂隊演奏，以及「從世界各地遠道而來的演藝界好友即興演出的餘興節目」。盒中有一張摺疊工整的股票憑證，蓋有公司鋼印：漢斯．勞布，二百股，味視公司。

我也與勞布的遺孀通了電話，她現居佛羅里達州。從她濃厚的愛沙尼亞口音，我聽到極大的決心與忠貞。她訴說著她與這位高個子又聰明的歐洲帥哥如何相遇結褵；他的服裝風格有多特別，都是精緻的西裝與訂做襯衫；他有多麼努力工作，經常忙到深夜，為了籌備嗅覺電影的處女秀，他還通勤往返芝加哥達七個月之久。對勞布夫婦而言，許多事都少不了嗅覺電影。勞布夫人告訴我：「陶德與大家都說勞布會揚名世界，因為我們預料這個事業會很成功。」

當我問起利德與香氣電影的競爭時，勞布夫人的音調便高了起來。「他只比我們早幾週或一個月冒出來。他毀了整個構想，因為去看了他的電影，沾了滿身氣味趕也趕不走，大家便說：『噢！不，不，我們可不要這種東西。』……利德想撈一筆，他要搶在我們之前冒出頭，他剽竊了我丈夫的構想。」嗅覺電影的失敗，對勞布的財務狀況構成重大打擊。勞布夫人說，陶德承諾每售出一張票，她丈夫就能抽五分美元。結果電影上映了好幾個月，「他們一分錢也沒給勞布，這種事教人心寒，他們沒有兌現承諾。」這也是心理上的打擊。她表示：「我丈夫從此死了心。」

電影下片之後，勞布把紐約東八十四街的實驗室場地租了出去，他曾在那裡開發出「好空氣」（Bestair）家用電子芳香器，不過這個裝置超乎當年的技術水準，從未成功上市。一九六四年的世界博覽會在美國舉辦，主辦單位曾找上勞布洽談一項加味電影計畫，但在最後一刻踩了煞車。這個結局讓勞布徹底失望地認輸了。「在那之後，我必須照顧我丈夫長達十二年……在他身邊支持他，因為他到頭來孑然一身，落得一文不名。」勞布的健康狀況惡化，於一九七六年過世，享年七十六歲。

在勞布小姐家，客廳的一角立著一個閃閃發光的不鏽鋼櫃，上頭擺著很多華麗的檯燈。在光潔的樹脂玻璃門後方，我看到了馬達、泵、壓力錶與刻度盤，在它們上方則有一具轉盤，轉盤周邊擺了瓶子。我注視著這具嗅覺電影最初的工藝品，那是她父親在四十六年前用來為陶德的電影微調氣味的工作原型機。一只燒瓶上方恰好放了一隻懸臂，靜止不動如綠野仙蹤「鐵樵夫」的手臂，永遠保持著下傾的姿態，等著汲取下一股氣味。氣味揮發至今已經過了很久了。

第九章

氣味行銷新趨勢

全世界的人們與公司正領略到氣味的威力。

——林斯壯（Martin Lindstrom），**《收買感官，信仰品牌》**（*Brand Sense*）

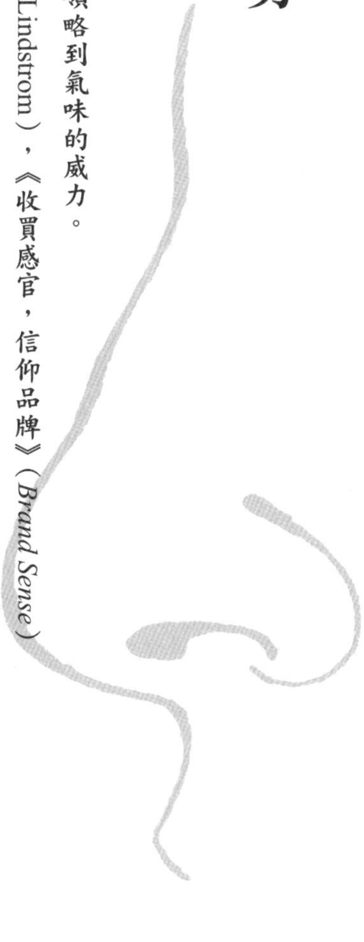

誘惑鼻子的戲碼每天都在上演。暗藏在排風管道中或位於不起眼角落的氣味產生源，都能將店頭商品的自然氣味放大：高檔襯衫品牌「湯瑪斯品克」（Thomas Pink）施放的氣味是剛洗燙過的亞麻布味，紐約時代廣場的賀喜食品（Hersey's）暢貨中心將額外的巧克力味排至空氣中。有的生意人發揮創意，像是美國麻州有間家具店的兒童區充滿口香糖的氣味。即使是不具固有氣味的品牌也都起而效尤，以消費性電子產品巨擘三星電子為例，他們在紐約哥倫布圓環的旗艦店吹送品牌識別氣味；威斯汀飯店（Westin Hotel）則在大廳使用「白茶」氣味作為識別。各家公司無不冀望能提供更迷人的零售體驗，以便對銷售額、顧客滿意度與品牌形象有所助益。

操控商業活動的嗅覺行銷

我們正處於廣告新紀元的浪頭上嗎？行銷大師林斯壯便如此相信。他的最新著作《收買感官，信仰品牌》看好「多重感官品牌策略」的未來，而他對氣味特別感到極度興奮，將之視為行銷學的下一波大趨勢。無論氣味是否成為品牌策略不可或缺的一部分，在「針對鼻子行銷」的漫長歷史中，林斯壯熱切的預言確實是最新言論。

例如於一九二五年，紐約《每日新聞紀要》（*Daily News Record*）有一則頭條題為「嗅覺：所有現代推銷術的重要因子」。一九三四年，《富比士》雜誌告訴讀者：「『嗅覺銷售』可能是行銷學的下一個重大口號。」一九三九年，《管理評論》（*Management Review*）期刊刊載「調味工程師加入調色工程師的行列，成為業務經理請益的對象」。一九四七年，《週六晚間郵報》則警告大家：「精明的生意人已經想出新招，讓你的荷包大失血。現在，鞋油聞起來像玫瑰，墨汁像香水，人造皮革則具有真實豬皮味。」

今天的生意人持續進行實驗，產生的成果例如薰衣草味的車胎（針對女性客層），或帶有柳橙與薑味的高檔保齡球。然而，真正的行動仍是將嗅覺特色融入室內商業空間。有一大行業已徹底將這項應用奉為秘技：博弈產業。美國拉斯維加斯即為這股趨勢的震央，賭城大道有半數的華樓都擁有氣味系統。米高梅金殿酒店（MGM Grand）在建物四周同時施放的氣味達九種之多，威尼斯人酒店（Venetian）則以稱為「媚惑」的集團識別氣味為號召。

賭場為了細微調整消費感受，已將「感官工程」列為優先考量。為了不讓賭客在貴賓室內耗太久，貴賓室會一直保持低溫，好讓他們時常走出去賭一把。賭場有著複雜的樓面設計，引導顧客進一步深入賭博區，那裡不掛時鐘也看不見戶外景色，讓人忘了時間。而在尋求新的方法讓人們流連忘返之際，賭場也已帶頭操縱商業活動的氣味景象。

從一個去掉品牌特有氣味的負面實例，可看出嗅覺特色的重要性。星巴克咖啡連鎖店擴張版圖時，決定把貯存咖啡豆的無蓋容器轉換為封鎖香氣的密封包裝，其初衷為確保烘焙咖啡豆的鮮度，並簡化咖啡豆配送作業。然而真空密封包裝卻令星巴克付出了意想不到的代價：店裡的咖啡香氣消失殆盡。少了充滿濃郁咖啡香的氛圍，顧客便轉投競爭同業的懷抱。星巴克失去了公司創辦人蕭茲（Howard Schultz）口中「可能是我們所擁有最強大的非語言信號」。為了將它找回來，星巴克連鎖店正考慮恢復原豆現取現磨的方式。

一門生意也可能因為公共政策的急轉彎而面臨嗅覺課題。英國的蘇格蘭與威爾斯針對酒吧與夜店發布禁菸令之後，業者赫然發現他們的店有多麼難聞。擁有英國連鎖夜總會的盧米納公司（Luminar）發現，菸味一旦消失，「啤酒味與汗臭味便無所遁形」。該公司開始不計代價地尋找方法，希望掩蓋這令人難受的新現實。有人提議朝著汗流浹背、酒氣沖天的酒客們吹送玫瑰香氣以為補救，這個提案聽起來希望不大，但大家都希望能找出一個有效的解決方案。全球各地的男生宿舍也將持續關注此一議題。

氣味能牽著顧客的鼻子走嗎？

大約十年前，社會心理學家拜倫（Robert Baron）在紐約州奧巴尼市（Albany）附近的購物中心進行案例研究，他安排在無氣味區域及有自然愉悅氣味的地點分別觀察，後者即蛋糕店、麵包店與咖啡店附近。接著，拜倫請一位同事接近店員，「不小心」掉了枝筆或要求換零錢，拜倫則把一個簡單的反應記錄下來：店員會不會幫助這位陌生人呢？

在氣味宜人的場合，店員伸出援手（幫忙撿筆或換錢）的機率顯然比在無氣味場所高多了。拜倫的實驗是第一次走出實驗室，進入自然消費生態系（購物中心）驗證氣味效果的實驗，結果顯而易見：店員對周遭氣味的反應是可量測並有其涵義的。日常生活熟悉的氣味也許不特別引人注意，卻對吸入的人發揮微妙的行為影響力。麵包店會讓購物中心的老主顧變得樂於助人嗎？那倒未必，只不過事實證明，助人也是麵包店的附加益處。

奧巴尼購物中心的研究就此打開了走「心理學路線」生意人的胃口，他們想知道氣味能否對顧客產生更有效益的影響？除了極少數如拜倫的研究之外，探索這些問題的科學研究多在心理學實驗室進行，以大學生充當一般顧客。典型的安排是將學生帶進一個房間，請他們對電腦螢幕上的產品影像一一評分，或對假櫥窗內的商品進行估價，而房中的氣味時有時無。大體而言，研究人員發現，氣味能改變人們對一件商品的態度，但要把如此斧鑿斑斑的實驗外推至現實世界可是有風險的。研究持續進行，而就算缺乏科學的實證，生意人還是先做了再說。

那麼，空氣中的氣味如何改變人的行為呢？從社會心理學的文獻來看，拜倫教授知道，正面的事件會短暫地稍稍改善人們的心情，即使在公共電話裡發現一塊錢這種微不足道的小事都有同樣的效果（例如發現硬幣的人在幾分鐘之後，會比較容易答應參與一項無聊的事）。拜倫推測，咖啡與烘焙商品的香氣讓人的心情變好，才使他們更樂於助人。可以確定的是，從事後的訪談可看出，在香氣瀰漫的區域上班的店員，顯然比在無氣味區域的店員快樂多了。

拜倫的「心境假說」頗容易為生意人所接受，因為這種說法像極了「氣味純為情緒感受」這種傳統認知。這表示氣味行銷即為心境行銷，而創造心境正是生意人深深理解的事。這個方程式很簡單：好氣味等於好心情，好心情等於營收增加。拜倫的解釋也顯現出專業無用論：它讓舌燦蓮花的生意人成了巫毒教的祭司，他們能用氣味迷惑眾人，使顧客像是鐵屑遇到磁鐵一樣，被磁力吸著在店裡東繞西轉。心境理論成了各地的「氣味行銷人」重整旗鼓的口號。威斯汀飯店集團的資深公關經理即是該集團識別氣味「白茶」的幕後推手，她對此亦表認同。她表示：「我們要打造情緒的連結。」

氣味引發的反應

「氣味純為情緒感受」這個見解由來已久，一九二四年，曾任《科學美國人》雜誌編輯的化學家與物理學家佛里（E. E. Free）表示：「我們對氣味的所有反應，幾乎都是心理所表現的情緒效應，即為『無意識』。那根本不是合理的理智反應。」他還舉了一個怪異的趣聞為他的主張背書，大意是有人一聞到辣根❶的氣味就會沒來由地發脾氣。

今天的科學家持續插播氣味的情緒感染力，社會人類學家福克斯（Kate Fox）告訴英國廣播公司「我們的嗅覺直接與情緒相連」，以及「氣味會觸動極強烈且極深層的情緒反應」。德國心理學家波絲（Bettina Pause）說「氣味似為強大的情感刺激源」。英國心理學家凡托勒（Steve van Toller）對《獨立報》表示：「氣味直搗我們腦中（非語言區域）的情緒中心，能對我們的感受產生強烈的影響力。」美國心理學家赫茲（Rachel Herz）則在接受醫學期刊《刺胳針》（*The Lancet*）訪問時解釋，鼻子「直通杏仁體」，而杏仁體正是控制情緒反應的大腦邊緣部位。這類論調讓行銷經理的眼睛都噴出火來，誰不想讓自己的品牌直搗腦中的情緒中心呢？

可惜事情沒那麼簡單。對氣味行銷學的心境理論而言，有一大挑戰在於「一致性」的問題。研究再三發現，氣味要收到效果，就必須符合商業情境才行；搭配錯誤非但收不到任何效益，還可能使一家店或一個品牌在消費者心中留下不好的印象。例如有一項實驗使用兩種討喜程度不相上下的香精，分別是「深谷百合」與「海霧」，而在讓女大學生觀看一面展示女性絲緞睡衣的螢幕時，一面在空中噴灑其中一種香精。女學生表示，當空中噴灑「深谷百合」時，她們比較有意願購買睡衣，而且願意出較高的價碼。經過獨立驗證，「深谷百合」被評為與衣物較為相配。「海霧」雖同樣討喜，卻缺乏「深谷百合」那股女性的聯想及閨房的氣氛。「好氣味等於好心情，好心情等於營收增加」這個關係到此為止，人們關心的是氣味的涵義。

當研究人員在禮品店實際測試音樂與氣味的合併效應時，一致性的問題又迸出來了。他們播放使人放鬆或高亢有力的曲調，並搭配使用高激發度或低激發度的氣味。當低激發度的薰衣草香配上使人放鬆的曲調時，會使顧客滿意度與購物衝動顯著提升，到店裡逛逛的興趣更高，也比較會回頭造訪第二次；而高激發度的葡萄柚香配上高亢有力的曲調時，也有相同的作用。但同樣的曲調與氣味若搭錯了分量，對消費者行為就不會產生任何作用。

在另一項研究中，受測者觀看幾張照片，顯示年終特賣期間布置得美輪美奐的店面。在以耶誕節為主題的香氛與耶誕音樂之下，那些照片所獲評價較高；當耶誕節的香氛配上了沒有節慶氣氛的音樂時，照片所獲的評價則較低。結論大致清晰了：氣味要發揮行銷的效益，必須與背景環境息息相關，因為人們會試著理智地調和他們的所見與所聞。

市場也已開始研究「多重感官協調」的需求了。沒時間或沒能力創造自己專屬調和氣味與音樂的零售商，可從事先搭配好的組合中選擇。為店面與辦公室提供背景音樂的「妙扎克有限公司」（Muzak LLC），已經與為零售店安裝氣味設施的「香氣科技公司」（ScentAir Technologies, Inc.）攜手合作，共同提供「提升零售體驗」的客製化氣味與音樂組合設計。香氣科技的執行長還告訴報社說：「我們正為你的鼻子『妙扎克』一下。」

❶與芥末和哇沙米同類的調味料。

衡量氣味的商業效益

最近，美國華盛頓大學商學教授史班根伯格（Eric Spangenberg）等人賞了生意人一個大禮，他們的研究正是生意人引頸企盼的：用金錢衡量氣味的效益。史班根伯格的團隊實際借用校園外的服飾店，店內樓面有一半陳列男裝，另一半陳列女裝。整個研究過程為期兩週，該店交替使用強度與討喜程度相近的香精施放氣味，一為仕女般的香草，一為陽剛的摩洛哥玫瑰（一種帶辛辣感又像蜂蜜的香調）。當空氣中散布香草味時，女裝的銷售量增加，男裝的銷售量衰退；使用摩洛哥玫瑰時，銷售狀況的變化則相反。換句話說，男士在氣味散發雄風時買得較多，在女性化的氣味之下買得較少；女士則恰好相反。氣味的效應千真萬確。在合乎性別的氣味下，人們平均購買一點七件商品，花費五十五點一四美元（折合新台幣約一千九百元）；在性別不搭的氣味之下只購買零點九件商品，花費二十三點零一美元（折合新台幣約八百元）。

一致性也好，環境背景也罷，重點是：受氣味影響的判斷力，並不只是顧客端的情緒勇氣大考驗，還涉及比較與評估。購物客人察覺到店裡的氣味與商品或音樂不搭軋時，他們用的是理性，而非感性。隨著更多研究人員發現消費者是憑認知來處理氣味資訊，集中火力主打情緒牌的做法便開始式微；行銷專家開始相信人們是思考的動物。例如，加拿大研究員奇貝特（Jean-Charles Chebet）與麥肯（Richard Michon）便認為，情緒的解釋已被過度強調。他們在加拿大蒙特婁附近的一處購物中心操控氣味，發現購物客買多買少受心情的影響相當小；奇貝特與麥肯堅決主張，氣味才是令購物者對購物中心外觀與商品品質的想法改觀的因素。換句話說，涵義比心情更重要。

一出了心理學實驗室，一致性的概念便無法為行銷人提供太多指引了。學者見到一致性現象就能馬上認出，但要實際以言語解釋香氣如何搭配其行銷主題卻沒那麼容易。在實驗室外頭的現實世界裡，要使氣味與商業環境相稱，一向與風格、品味與文化脫不了干係。調香師與香料評鑑人便靠此維生，生意人則謹慎地與這些專家合作。生意人必須為「成功」訂出明確的標準，例如一場氣味行動的目的是要使人們在店裡待久一點？還是覺得商品更新潮？或試試新產品？計畫一旦啟動，設法評估其效益是有幫助的，我們能想到的是氣味傳遞（受氣味刺激的人數）與效益（提升品牌能見度）的標準度量法。簡言之，生意人需要一套鼻子專用的尼爾森市場調查。

氣味充滿了資訊

在超級市場美髮用品區的盡頭，有位顧客打開一瓶洗髮精嗅了一下，緊接而來的是一連串的決策：聞起來會不會過於女性化？是否如包裝上所寫的清新提神？聞上去像是有效的抗頭皮屑產品嗎？我的另一半會喜歡嗎？它聞起來夠優，值得花多點錢購買嗎？這些問題的一問一答，盡在短短兩次吸嗅之間發生。

對旁觀者而言，這位聞洗髮精的人判斷得倉卒；那些問題不過是「我喜歡它嗎？」的情緒反映。然而在那短暫的瞬間，香氣道盡了商品的狀態（高雅、廉價、過時）、功能（清潔、調理、治療）與自我認同（女性化、前衛、穩健）。氣味充滿著資訊，消費者正在解析它。香氣道出情感，而且更甚於情境音樂，它能傳達心理訊息。生意人一旦精通這種複雜的語言，嗅覺將成為完備的廣告媒體。

作用於潛意識的氣味

任何打算運用氣味的生意人都想知道氣味如何發揮效力，以便擬定運用策略。一般見解雖然慢慢認同新的研究結果，卻仍強調情緒為主要心理機制，因而生意人持續依據引發情緒的特質來選擇氣味。但如何設定氣味濃淡是另一回事，這不免涉及與「有意識的察覺」相關的問題。

在心理學中，最能激發大眾想像的無疑是潛意識感知這一塊。單單幾句指令，就能引發（而且是潛意識哦！）穿著實驗衣的技師控制儀表板的調控轉盤，使消費者不自覺地捧著滿手不需要的商品排隊結帳。真有一種神秘的氣味能把我們變成盲目購物的行屍走肉嗎？我們會成為氣味的奴隸嗎？

對心理學家而言，「潛意識」的定義相當枯燥乏味，意指「在有意識察覺的門檻以下」。潛意識的刺激過於微弱，我們難以確切感受到，可是強度又足以在感官留下短暫而輕如鴻毛的印象。這些若有似無的感受一閃即逝，我們很難直接注意到，無法以填寫量表、勾選形容詞這類傳統方式量測，而是要藉助於表現在其他心智歷程的間接效應來衡量。例如，我們可以讓「小狗」

一詞在螢幕上迅速閃過，使觀看者來不及閱讀，甚至無法確定他是否看到了什麼東西。他不可能辨認出螢幕上一閃而過的詞，那個詞卻可引發明顯的腦波活動，而在後續的相關字測驗中，該詞的殘留跡象亦頗為顯著。

生意人深信，加了味的廣告具有潛意識的作用。例如，威斯汀飯店集團資深副總布魯希（Sue Brush）即表示，該集團的「白茶」香氣是「眾多潛意識效果之一，你毋須刻意宣傳，但我們希望它能幫助貴賓們在長途跋涉之後紓解壓力。」熱中此道者或反對派人士都相信，氣味行銷手法是某種形式的心靈控制，於潛意識的陰鬱區域發揮影響力，其間精心安排的竊竊私語盡是為了引起心理連鎖反應，好讓顧客掏腰包。

氣味發揮潛移默化的作用

據心理學家普拉卡尼斯（Anthony Platkanis）表示，大眾對潛意識的狂熱是一波波地形成。第一波發生於一九五七年，當時威卡利（James Vicary, 1915-1977）宣稱他已在電影院展示了潛意識廣告手法，在電影銀幕上快速閃動廣告詞。威卡利表示，他所設定的訊息是「吃爆米花」與「喝可口可樂」，讓戲院附設點餐櫃檯的可樂銷量驟增百分之十八點一，爆米花的銷量更飆升百分之五十七點七。當時是士兵與特務洗腦事件頻傳的冷戰時期，威卡利的言論一出，立即受到廣大媒體報導。但威卡利既不能也不會出示他的研究數據，他也不會將據稱用來在銀幕上閃現廣告詞的設備向任何人展示。最後，他向《廣告年代》（*Advertising Age*）雜誌坦承，他的研究結果是為了宣傳他的顧問業務而捏造的。

第二波潛意識熱始於一九七三年，當年紀伊（Wilson B. Key, 1921-2008）出版《潛意識誘惑》（*Subliminal Seduction*）一書，他在書中宣稱，出版品的廣告頁都暗藏著激發性慾的圖像（這在一九七〇年代中葉掀起一股短暫風潮，大夥盯著《君子》雜誌的威士忌廣告猛瞧，找尋冰塊內含的性愛儀式）。其實紀伊所引用的原始研究並不嚴謹，也欠缺必要的控制組。雖然他的論調遭到心理學家嚴厲駁斥，不過現已白髮斑斑的紀伊[2]只要看到廣告圖像，依然說他看到隱藏其中的陽具。

第三波也是最近一波的潛意識風潮，於一九八〇年代後期與九〇年代初期伴著勵志錄音帶而起，作為減重或提升自尊心等手段。在夜間談話性節目的推波助瀾之下，潛意識錄音帶成為產值五千萬美元（約合新台幣十七億元）的產業，縱使其宣稱的功效幾無科學實證。

顯然我們能在不自覺的情況下吸收視覺與聽覺資訊，至於這些短瞬的感知是否如潛意識廣告提倡者所稱的那般，能夠直截了當地影響我們的行為，則是另一回事了。普拉卡尼斯找不到任何會影響我們行為的證據，我相信嗅覺也不例外。

舉例來說，潛意識嗅覺感知的證據很明確，德國研究人員喜姆（Thomas Hummel）把寬一公釐的管子伸進自願者的鼻子約七公分深處（實際上，他讓自願者自己來，這樣比較不會緊張）。管子不斷傳送溫暖的濕氣，偶爾夾雜一股股氣味，直達鼻中的感覺表面，而管內有根金屬絲，可監測來自感覺表面的電活動。結果顯示，過於微弱而察覺不到的氣味仍會在鼻中的感知細胞激發反應。其他研究人員則運用不同的技術觀察到，氣味濃度過低時，受測對象雖無法確切察覺，腦部卻有反應。幾乎可以確定的是，氣味能下意識地呈現於鼻中與腦中。

荷蘭的心理學家採用另一種方法，曾用於測量潛意識景象與聲音的間接影響，也曾將這些方法應用於嗅覺。研究人員讓人們不期然地暴露於常見清潔劑的柑橘香氣中，參與者多半察覺不出氣味，也不知道實驗目的。不過吸入該氣味的人比較快從清單中挑出與清潔相關的字詞，而且被問及日常例行公事時，也較容易提到與清掃有關的行為。隨後吃脆餅時，曾經聞到清潔劑氣味的人與沒聞到的人比起來，更會仔細清掃餅乾屑，或表現出其他收拾整頓的行為。潛意識氣味使聯想到清掃的心理網絡活化了起來，然後透過言行展現出來，但展現的方式並非明確可用。人們並非不由自主地提到品牌名稱，或因一時衝動去買瓶清潔劑。努力清理餅乾屑未必是心靈受到控制的表現啊。

氣味真能誘導行為嗎？

在實驗室設定的超精準條件下，鼻子與大腦會對潛意識氣味產生反應並不令人意外，但這樣的效應足以在真實世界造成不同結果嗎？關於潛意識氣味所隱藏的銷售能力，有一項經典驗證可回溯至一九三二年。萊爾德（Donald Laird）找了美國柯蓋特大學（Colgate University）的男學生

❷本書英文版出版後不久，紀伊便過世了。

假扮市調人員，在紐約州的烏地卡市（Utica）挨家挨戶訪察當地居民。這群年輕人向家庭主婦展示四雙完全相同的絲襪樣品，並請她們指出最喜歡哪一雙。這些絲襪唯一的差異在於氣味：沒動過手腳的素製品有些微異味，其他的則加上微微的水仙花香、果香調或香精粉。萊爾德的團隊完成了二百五十次訪談，直到有位女士起疑報了警，他們才罷手，後來警方的調查報告上了當地報紙，這項研究才曝了光。

二百五十位女士只有六位察覺到絲襪加了氣味，儘管如此，氣味仍在女士們選擇絲襪時對喜好產生了顯著的影響：百分之五十的女士選了帶水仙花香味的絲襪，選擇果香的有百分之二十四，選香精粉的則有百分之十八，至於選無添加的只有百分之八。

在日常生活中，氣味會改變我們的行為，瑣碎到接近午餐時間的一股氣味，都成為引領我們去吃墨西哥捲餅或披薩的關鍵。這種潛意識的訊息，即我有意識想買披薩之前是否聞到披薩味，並不比我早晨上班途中是否聽到一則披薩廣告更重要。兩者所產生的強迫作用大致相等。

然而，潛意識廣告仍然令人們感到恐懼。歐洲化學感受研究組織（European Chemoreception Research Organization）是嗅覺與味覺研究人員組成的學會，最近發表了一項由部分成員所做的研究，讓氣味與喚起氣味的詞語配對呈現。實驗結果顯示，人們覺得乳酪氣味與「切達乳酪」一詞配對時，不會像與「體味」一詞配對時那般令人難受。暗示的力量顯然很強。人們甚至表示，純淨的空氣與「體味」一詞連在一起也會變得難聞。

這項完全可預測的結果，足以讓歐洲化學感受研究組織提出警告：「很不幸地，此一事實提供了強大的工具，可用以操控資訊，並將消費者的選擇導向特定食品、香水及清潔用品。」這「令人不安」的潛力可能會造成「誤導訊息」。那還得了！廣告居然意圖操控消費者的選擇。歐盟官員將埋首草擬規範，以杜絕透過廣告呈現的氣味詐術。

出乎大家意料的是，美國聯邦通訊委員會並未針對氣味或其他類型的潛意識廣告制定正式的規定。事實上，該委員會僅調查過一件與潛意識訊息相關的申訴案件。委員會於一九八七年發現，達拉斯一家廣播電台放送含有潛意識訊息的節目。有哪一家卑鄙的公司該為這種惡行負責呢？呃……其實沒有。美國癌症協會製播的拒菸節目也暗藏著潛意識訊息啊。

潛意識廣告概念持續於現實生活中神出鬼沒，使用環境氣味的生意人避談這個話題，因為他們不想被大眾視為催眠大師。他們也許能藉由拆穿潛意識的力量而淡化此議題，但沒有這麼做，或許是因為他們太相信潛意識的力量了，就算只有一點點也好。

目前專家為零售商客戶推薦芳香等級時，常會打著「潛意識感知」的算盤。芳香精油公司（Ayrlessence）的芳香部門主管哈潑（Michelle Harper）表示：「你希望它產生潛移默化的效果，尤其在環境空間裡。」另一方面，國際香料公司（International Flavors & Fragrances）的行銷長法蘭達（Joe Faranda）則認為：「氣味不再非得發揮潛移默化的影響力不可。」才怪呢！在我的經驗裡，當氣味本身引起注意時，人們會覺得必須要決定究竟是喜歡或討厭那氣味，此時注意力全集中於氣味，而非店面。三星的公司識別氣味（會引人聯想到香瓜）之所以奏效，是因為它幾乎察覺不到；只要稍濃一些，顧客就要開始尋找水果了。微弱與潛移默化還是有差異的。

氣味流於強迫推銷

英國調香師黎梅爾（Eugene Rimmel, 1820-1887）於十九世紀中葉創造出第一批大量生產的香水，也發明了各式各樣的促銷手法，像是用加味的廣告傳單推銷香水。他分發氣味年鑑與香扇，還在倫敦劇院的節目單上弄了加味廣告。他如此大費周章，卻未博得一致的掌聲。他那個年代的人不好騙，他們瞧不起劇院的節目單，視這種「粗鄙商業文化」的芳香咒語為唐突、粗糙與擾人的手法，相當於我們這個年代雜誌上散發香水氣味的廣告。美國小說家崔林（Calvin Trillin）就曾嚴詞砲轟《浮華世界》（*Vanity Fair*）雜誌的香氣廣告：「讓我們再回頭思索一個老問題，即修憲時是否曾經設想過，美國憲法增修條文第一條所保障的言論自由，有一天也可能擴及這種四處熏人的行為。」

加味廣告的發展

把崔林惹毛的加味廣告，始作俑者是黑曼兄弟（Fred and Gale Hayman），這是一對加州兄弟檔企業家，在比佛利山的購物天堂羅德歐大道（Rodeo Drive）開設喬吉歐精品店（Giorgio）。一九八二年，他們為一款以店名命名的香水積極展開行銷活動，一開始先是把浸過香水的聞香紙寄給當地客戶，但要把樣品送到全國各地人們的鼻子前面，則需要運用更便宜的方法。

他們在一九八三年五月號的《時尚》雜誌（*Vogue*）為「喬吉歐」香水刊登廣告，率先採用一種新產品「香氣掀條取樣器」（ScentStrip Sampler）。這就是現在大家所熟知、帶有向下黏貼摺頁的廣告頁，摺頁一旦拉開，黏膠裡的精油微液滴即破裂而散發出氣味。讀者雖抱怨整本雜誌沾滿了「喬吉歐」香水的氣味，銷售量卻一飛沖天，雜誌業便再也不回頭了。（為了讓更多人聞到他們家的香水，黑曼兄弟決定派出推銷大軍，雇用一群穿著黃白相間制服的女郎，在各大百貨公司拿著香水瓶逢人就噴。）

在「喬吉歐」香水的配方裡，精油對酒精的比例高得異常，讓人感覺廉價、花稍、刺鼻，而且一聞即知。高級餐廳禁止職員噴灑這款香水，而搽了這種香水的人一進電梯便引起大騷動，這類狀況在各地屢見不鮮，於是「喬吉歐」成了勢力眼貴婦的公敵。然而出了高檔餐廳及人文薈萃的紐約曼哈頓上東城，這款香水仍大為風靡。

到了這時，加味傳單再度受到倚重，福斯影業集團近來斥資十一萬美元（約新台幣三百八十萬元），在《洛杉磯時報》刊登全版加味電影廣告，據傳《華爾街日報》與《今日美國報》也考慮讓摩擦生味的廣告上報。此外在調味料製造商「味好美公司」（McCormick & Company）的財務年報上，每年都有不一樣的氣味，可惜二〇〇六年肉豆蔻的淡淡幽香被墨水味掩蓋而難以察覺。德國科學期刊《應用化學》的封面聞起來有股歐鈴蘭的香氣，目的是吸引讀者閱讀有關氣味受體的論文。

加味廣告的核心市場永遠是女性流行雜誌；《媚惑》雜誌（*Allure*）的發行人宣稱，該雜誌有百分之八十五的讀者只要書一到手，便立即試試書裡的氣味條。

我們非聞不可嗎？

加味廣告令一些社會評論家產生「暴力」的印象，他們會吐出「突襲」、「轟炸」這類言詞。對英國記者庫克（Emma Cook）而言，消費者是無助的獵物：「你可以選擇不看不聽，卻完全沒辦法不聞到任何氣味。」人工氣味也讓英國小說家拜雅特（A. S. Byatt）的心情糟透了：「我們正不斷以華而不實的氣味教育下一代，使他們變得麻木不仁。」若把人造氣味比做聲音，「它們便是不和諧音」。拜雅特是位傑出的智者，任教於倫敦大學學院，解析十九世紀英國作家華茲華斯（William Wordsworth, 1770-1850）與柯立芝（Samuel Taylor Coleridge, 1772-1834）的作品，並教授美國文學。她如何解釋大眾對香氣商品莫名的購買慾呢？她將此歸咎於廣告。

「電視螢光幕放映著樹枝與紫羅蘭，影片中有松樹林，還有一大片涓白的瀑布，一端激起清澈閃爍的浪花。草原上長滿金鳳花，松樹林中盡是神秘鮮嫩的松針。它在告訴你，也在慫恿你，為自己的小窩添上這些氣氛吧，趕快去買空氣芳香劑、家具光亮芬芳噴霧劑……」說著說著，你便開始動搖了。

拜雅特是基於道德立場而反對：「入侵我們現代生活的氣味既不好也不壞，它們是罪惡、虛偽的氣味。我們利用那些氣味來掩蓋人類的氣息。」香水顯然是虛假的玩意兒，將我們身為靈長類動物的真正體味隱藏起來。

可想而知，拜雅特的小說裡充斥著令人厭惡的氣味。舉個典型的例子：「那火車並不乾淨，車廂裡瀰漫著潮濕的氣味，有如久未清洗的髒褲子。」另外，她也描寫她老公的「口氣難聞得要命，酒氣沖天又滿口陳年煙味。」她偶爾更喋喋不休：「那液體聞起來像爛瘡上的膿、角落裡乏人聞問的垃圾桶底爬滿蛆的東西所散發的臭味、水管不通的氣味、久未清洗的髒褲子和著蛋發臭的氣味，還有腐朽的地毯與骯髒的舊床墊。」她老是提到髒褲子，可見她的鼻子已經習於偵測黑暗勢力的存在。她一聞到香水，就有如見到壞女巫從火籠裡現身般退避三舍。把「喬吉歐」香水藏好，否則它會和壞女巫一樣，派出猴子大軍來攻擊你唷！

氣味行銷流於浮濫？

一位上了年紀的英國小說家對香水胡思亂想或許還情有可原，可是有位三十來歲的網路專欄作家也對空氣清香劑不甚苟同，這是什麼緣故呢？這位仁兄是墨佛（Mark Morford），他在《舊金山紀事報》網站（SFGate.com）為文評論寶僑家品的電子式芳香施放器：

不知是誰搞出這般天殺的行銷決策，說什麼我們現在必須進步，把「傳統式空氣芳香劑」這顆長久以來低調擺在桌上的化學炸彈，轉換成禍害更大的插電精油罐還內建小型笨風扇的電子式玩意，甚至進化成大小如烤箱的全功能裝置，這玩意需要大量的塑膠與強力行銷、充足的交流電源，甚至還有浸過化學藥劑的可抽換式香片哩。

讓墨佛光火的不只是日益精進的技術，還有香氣所蘊含的弦外之音：

這就是行銷策略：每一片香片顯然都是精心設計過的，設法將你從消過毒、充滿小孩、小狗、小貨車的郊區住宅噩夢中拯救出來，直接轉送到什麼魔戒的迷霧山脈、酷熱的巴哈馬或巴西雨林之類的地方。

讓墨佛或與他類似的人感到心神不寧的並非特定的氣味，而是氣味行銷。透過傳遞氣味的新玩意所實現的消費主義、大眾消費及毫無節制的自由市場，確實讓他的鼻子陷入一團混亂。

心理分析師韋恩（G. G. Wayne）與科林克（A. A. Clinco）於一九五九年發出相關批評：「曾為不可或缺的求生手段（為原始人指引方向並發出警告），現已退化成無關痛癢又遲鈍的刺激媒介，受天花亂墜的廣告詞左右。」英國記者庫克也有類似的論調：「直到最近，在銷售商與製造商眼裡，訴諸我們嗅覺的手法相對來說仍是值得開發的處女地。」（庫克倒是忘了，她的英國同胞黎梅爾曾在一八六〇年代掀起一股氣味行銷旋風呢。）

這些批判者全都有個共通的見解：往日美好時光的一切都比現在好。他們渴望回到空氣芳香劑、電視與香水問世前的天然無味狀態。他們的嗅覺天堂，就在穴居原始女性互相問道「嘿！你今天搽了什麼」，並用長毛象肉排換來一堆芳香樹脂的那一刻起徹底幻滅了。幾百萬人喜歡把家裡弄得香香的，這是個不爭的事實，而正如日常生活的其他領域，這些人也願意花點錢，用些方便的手法，為自家平添適度的幻想。

幾年前，我曾與抨擊氣味行銷的反資本主義者有過密切接觸，當時我受美國華府史密森尼博物館（Smithsonian Institution）之邀加入一個專業團隊，協助國立自然史博物館策畫一場氣味科學與歷史的大型巡迴展覽。我們與博物館館員、策展人與高階幕僚在烏漆嘛黑的會議室耗了一整天，向外望去便是國會大道與國稅局大樓。那是場典型的公務員式腦力激盪大會，搞了一堆令人反感的「習作」，說是要激發我們的創意，其中之一是從雜誌剪下圖片，要我們自由聯想。我們輪流像放置骨牌一樣將它們排在地板上，嘗試解說圖樣。成員們一致認定，那些圖片可以歸於兩個範疇：人與環境。（我想不透的是，人不是環境的一部分嗎？）然後一位資深館員走下來，把雅詩蘭黛香皂廣告從中移掉，她覺得那並不屬於任一範疇。我更加疑惑了。

下一項習作中，我們分成幾個工作小組，而那位拿走香皂圖片的女士與我分在同一組。我們的任務是要想出讓青少年感興趣的展出主題。不一會兒，她開始高談闊論：這項展覽應該讓參觀的青少年察覺到，廠商如何運用氣味影響他們。其他團員委婉地提出質疑，但她依舊滔滔不絕。她的使命是要警告青少年，小心提防香氣廣告背後的險惡陰謀。我指出，潛意識廣告大多是胡說八道，但她仍不理會。她絕不讓美國年輕人變成受氣味控制的無意識購物機器。最後我提醒她，史密森尼博物館正打算用贊助廠商的捐款作為這項展出的經費，而這些「衣食父母」可不會願意出三百萬美元（超過新台幣一億元）讓我們把他們的事業污名化。

史密森尼博物館從此再也不考慮舉辦氣味特展了。

氣味行銷前景看好

對每個反對氣味行銷的人來說，有一票狂熱的林斯壯支持者不停鼓吹氣味行銷的好處、實驗新的方法，以便透過消費者鼻子提出他們的訴求。過去確實有未來學家多次鼓吹氣味行銷，而他們的承諾尚未兌現。但你也可以說，網路行銷或其他新疆界也是如此啊。氣味行銷的策略仍持續演化，不過技術已迅速成熟。今天我們能夠取得各式各樣的氣味傳送裝置，大到涵蓋整個大賣場的工業級散氣裝置，小至零售店可針對個別顧客噴灑香氛的用具。有的裝置比較被動，會在你經過時啟動而朝你噴氣；有的則是互動式的亭子，使你浸淫於聽覺、視覺與嗅覺的多重感官體驗。生意人很快將學會運用這些硬體設備的最佳手法。

還有另一個理由讓我們相信這個領域前途無量。我們正培養一代以氣味為中心的年輕客群。聯合利華公司出品的 *Axe* 男性體香劑便極為成功，只要經過任何一所高中聞聞便知。芳香療法也從「準臨床」的民俗療法演進成主流商品地位，大學宿舍裡若沒擺上幾支香氛蠟燭就不算完整了，學生們靠它們讀書，靠它們驅寒，也靠它們……呃……我們就心照不宣啦。這一代人對氣味的覺知頗深，因此寶僑家品的 *Febreze* 空氣清新噴霧劑同樣受到歡迎，學校宿舍裡也能看見這些東西。這些消費者將使氣味行銷變得極為重要。

第十章

氣味喚醒的記憶

對亞當斯這男孩來說，夏季是令人陶醉的。所有感覺當中，嗅覺最為強烈；夏日炙熱的午間有松樹林燠熱的氣味，也有蕨類甜美的氣味；有新割的稻草味、剛犁過的土味，有黃楊木籬笆的氣味，有桃子、紫丁香、山梅花味，有馬廄、穀倉、牛欄的氣味，低潮時的沼地上有鹹水氣味；毫無差錯。

——美國小說家亞當斯（Henry Adams, 1838-1918），《亨利・亞當斯的教育：自傳》（*The Education of Henry Adams: An Autobiography*）

任誰都曾遭遇一股遺忘已久的氣味，突然令往日時光極為清晰地浮上心頭，這讓人對氣味記憶的力量與持久感到驚訝。人們很喜歡將這種經驗與我分享，若將他們的故事彙編成書，可是一本「集全球鼻子大成」的偉大傳記呢。美國散文作家薛爾曼（Ellen Burns Sherman）也有過類似的構想：「將它們全部集結成冊，是何種詩意與浪漫的瑰寶啊！那將是無數珍貴的紀錄、碑銘、歡快與關懷，藉由一連串嗅覺聯想的迅速連結，從每個人的過去召喚出來。」

普魯斯特的瑪德琳蛋糕

第一部書寫氣味與記憶之間連結的文學作品，咸認出自法國小說家普魯斯特（Marcel Proust, 1871-1922）之手。他最經典的描述見於長篇小說《追憶似水年華》開頭幾頁，那是浸了茶的瑪德琳蛋糕，喚起了敘事者馬塞爾的童年往事。瑪德琳蛋糕是一種扇形海綿蛋糕，一口大的甜膩膩蛋糕沒有餡料，風味也不繁複。普魯斯特單單繞著瑪德琳蛋糕就編出一部三千頁的故事，他的文學天才可見一斑。

對「氣味—記憶」的經驗而言，瑪德琳蛋糕這個橋段已然成為人文標竿。詩人作家艾克曼（Diane Ackerman）稱普魯斯特為「貪戀氣味的人」，也是一道「鮮明奪目的氣味痕跡，穿過豐華與回憶的曠野」。心理學家赫茲則稱：「普魯斯特可能有先見之明，才會注意到嗅覺與重溫往日情這種現象經驗之間的關聯性。」科學散文作者萊爾（Jonah Lehrer）則相信，普魯斯特揭露了與記憶有關的「基本真理」，特別是記憶與嗅覺「具有獨一無二的關係」。萊爾認定，這位小說家比科學家先一步發現這些真相，事實上他說：「普魯斯特就是一位神經學家。」

心理學家已將普魯斯特奉為氣味記憶方面的吉祥物。心理學期刊不時可見打著他名號的標題，諸如「普魯斯特的鼻子最清楚：氣味為自身記憶的更佳線索」，或者像「追憶似水年華與氣味」等。我們不得不欽佩普魯斯特如此全面地壟斷這個市場，竟有一個領域的科學研究以他為名，除他之外，其他小說家皆無此殊榮。然而懷疑為科學之母，這類恭維讓人不禁深思，普魯斯特的洞察力是否應得如此英雄式的崇拜？他真的是第一位寫出氣味與記憶之間連結的作家嗎？要找出答案，我們需要更嚴謹地看看普魯斯特的原始文章。

瑪德琳蛋糕引發的強烈喜悅

瑪德琳蛋糕的鮮明篇章出於一九一三年出版的《在斯萬家那邊》（*Swann's Way*），是《追憶似水年華》的第一卷。大男孩馬塞爾的母親送上茶與瑪德琳蛋糕，他舀了一匙茶與糕餅一起湊近唇邊，結果他顫抖起來，感到「無與倫比的欣喜」：「一股強烈的喜悅感入侵我的感官，有幾分孤立，有幾分疏離，不知從何而來。」馬塞爾受到不確切的熟悉感所淹沒；瑪德琳蛋糕的氣味和口感與此不無關聯，但不足以喚起明確的記憶。馬塞爾想盡辦法辨認這似曾相識的氣味來源，他又嚐了一口瑪德琳蛋糕，把耳朵塞住，並試著重溫最初的體驗。努力奮發了兩頁之後，記憶總算回來了。那是他小時候的事，他的蕾歐妮阿姨在星期日早晨會給他一片浸了茶的瑪德琳蛋糕。

馬塞爾為浸濕的瑪德琳蛋糕費了好大的勁，這顯然並非多數人所經歷的狀況。對你我大多數人而言，這類往事很容易浮上心頭。我們會經歷薛爾曼口中「一連串嗅覺聯想的迅速連結」，而不是拖泥帶水又難產的心理掙扎。嗅覺專家麥肯錫（Dan McKenzie）曾寫下這種不費吹灰之力的感覺：「透過嗅覺重現往日時光的奇特現象……是自發性的。我們清楚明確地知道，勾起回憶的氣味不知不覺朝我們襲來，接著遺忘已久的事件便如夢境般一一浮現，縱使整件事只是偶然，氣味本身也不特別顯著。」

關於瑪德琳蛋糕的情節，有另一件事值得一提：那段情節完全不見描寫感覺的隻字片語。整整四頁的文字裡，普魯斯特這個「貪戀氣味的人」，連一個形容氣味或口感的形容詞、連一個與糕餅或茶的風味相關的字眼都沒寫，這和他的「氣味感官吟遊詩人」封號很難兜得起來。事實上撇開心理學不談，專家對他的視覺意象留下更為深刻的印象，例如文學研究學者夏塔克（Roger Shattuck, 1923-2005）便認為，普魯斯特主要是靠視覺來描寫事物。夏塔克將不由自主湧現的記憶，也就是普魯斯特所謂的往事與復甦（快樂時光）仔細地瞧了瞧；在整部小說的十一處實例當中，只有兩處是由氣味所觸發，瑪德琳事件即為其中之一。

另一位學者葛拉罕（Victor Graham）也發現普魯斯特的感覺意象大半為視覺。葛拉罕將書中四千五百七十八處感官印象全部編成索引，發現百分之六十二屬於視覺範疇，氣味與口感則合計不到百分之一。這比例看來低得嚇人，卻與其他作家不相上下。一八九八年，心理學家卡德葳（Mary Grace Caldwell）把英國詩人雪萊與濟慈詩中出現的每一個感官形容詞列表統計，她發現視覺描述占絕大多數：雪萊為百分之八十，濟慈為百分之七十四。嗅覺則少之又少，雪萊為百分之二，濟慈為百分之三。

儘管普魯斯特擁有如此名聲，是艾克曼口中「鮮明奪目的氣味痕跡」，他的鼻子卻不比別人高明，描寫氣味的功力也不特別突出。正如葛拉罕指出的，普魯斯特之所以喜愛非自主記憶，乃因它們喚起「大量的視覺印象」與情感，但這波浪潮所含的氣味成分極少。普魯斯特身為作家，他的正字標記是把記憶的恢復描寫得鉅細靡遺，雖然洋洋灑灑三千頁並未清楚交代馬塞爾是否真的喜歡瑪德琳蛋糕的風味。他對內省過程的興趣比對他所追憶的氣味更高。

嗅覺記憶先行者

如果普魯斯特的心理精確度名不符實，那麼大家公認他是第一個看出氣味與記憶間有強烈關聯的作家，是不是也錯了呢？答案很清楚，那樣一個作家並不是普魯斯特。以美國文學界為例，勾起記憶的氣味根本是老生常談，比《在斯萬家那邊》早多了。例如早在七十年前愛倫坡就寫過：「我相信氣味具有一種與眾不同的力量，它能透過聯想而影響我們；那力量本質上不同於與觸覺、味覺、視覺或聽覺有關的對象。」

一八五一年，霍桑在《七角屋》書中也表達了相同的想法：「『啊！……讓我看看！……讓我擁有它！』賓客如此喊著，渴望抓住花朵。那花以記憶中的氣味施展咒語，將無數的聯想與它所散發的芬芳湊在一起。」

一八五八年，醫師作家霍姆斯（Oliver Wendell Holmes, 1809-1894）在散文集《餐桌上的獨裁者》（*The Autocrat of the Breakfast Table*）注意到氣味記憶：「嗅覺比大多數管道更快勾起記憶、想像、懷舊情感及關聯。」霍姆斯以自身為例，說明他觀察到的事。他的童年在美國麻薩諸塞州的劍橋市度過，那是場感官狂想曲，時間早於一八二五年：

啊，我啊！這幢老屋，我誕生其中。當我打開屋內某個壁櫥之際，那是何種無法付諸文字的旋律與詠唱，令我的靈魂為之悸動！架上常擺著一束束馬鬱蘭花、胡薄荷、薰衣草、薄荷與貓薄荷；蘋果在那兒擱到種子發黑了為止；小又尖的乳齒總能預期一口咬下時的快樂時光；桃子躺在黑暗中，思念著失去的陽光，有如在哀愁中夢想天堂的聖徒之心，直到散發出天使氣息般的芬芳。許多個沉悶夏日的氣味回響，仍舊迴盪在那些幽暗的壁龕裡。

霍姆斯兼有醫生與作家雙重身分，他受過醫學訓練，使他熟悉氣味感覺的神經解剖學基礎。他讓餐桌上的獨裁者自己討論起來：

嗅覺與心靈之間的奇特連結或有其生理因素。嗅覺神經是唯一一條直接與腦半球相連的神經（我的教授朋友如是說），而我們有各種理由相信，心智活動便在這部分腦半球進行。更確切地說，他說嗅覺「神經」根本不是神經，而是腦的一部分，與前額葉緊密相連。

那位教授將嗅覺與味覺系統的連線相比，解釋何以嗅覺與記憶的關聯極大，味覺卻不然。霍姆斯對腦部功能的理解完全正確，亦頗新潮，而他比《在斯萬家那邊》早了五十年便寫下來。

普魯斯特埋首於小說創作之際，其他作家正在探索嗅覺與記憶的連結。一九〇三年，美國物理學家布萊森（Louise Fiske Bryson）於《哈潑時尚》雜誌寫道：「氣味、香水會使許多日子裡發生的景象歷歷在目，鮮明度之高簡直是奇蹟。」一九〇八年的《旁觀者》（*The Spectator*）雜誌有篇文章題為〈氣味與回憶〉，文中使用飛天魔毯的圖像，描述突如其來的氣味如何使「數里之遙與數十年之久的隔閡消弭於無形。」五年後，普魯斯特才把嗅覺記憶比擬為一千零一夜之阿拉伯精靈所施的魔法。

薛爾曼針對氣味回憶的心理學綜合剖析也於一九一〇年出版，比《在斯萬家那邊》早了三年。她敘述一種情緒如何與愛人的香水氣味交織於一個男人的記憶中，數十年後，男人偶遇「一股微乎其微的芳香」，那個情緒又是如何湧現心頭。薛爾曼表示，從前的景象會如同「把開關轉開」般瞬間即現。一九一三年，美國科普作家韓德瑞克（Ellwood Hendrick）為《大西洋月刊》撰文表示：「藉氣味之助閃現的記憶十分美妙。透過氣味，我們找到了過去的感受。」

在二十世紀的最初幾年間，氣味與回復記憶的話題甚囂塵上，這是毫無疑問的。普魯斯特也沾了光，並留下獨特的自省式文學手法。然而對於不以普魯斯特的眼光看待世界的人而言，他顯然不是第一個預料到現代神經科學新發現的作家。

擁有「先聞之明」的其他人

要是普魯斯特說的事情早就被美國佬搶先說了去，那麼他「嗅覺革新者」的封號還保得住嗎？或許他是第一個記錄這個現象的法國作家吧？哎呀，非也。普魯斯特的時代有一位知名法國作家與地質學家雷蒙男爵（Louis-François Ramond, 1755-1827），他在最著名的作品《庇里牛斯山之旅》（*Travels in the Pyrenees*）敘述從山頂的冰河一路向下行至法國與西班牙邊界，陶醉於農村新割稻草與菩提樹滿開花朵的氣味。夜幕低垂之際，他試著解釋無意間持續朝他襲來的「甜美與挑逗感」：「有種帶著謎樣氣味的東西，強烈地喚醒往日的回憶……紫丁香的香氣使許多春季的心靈喜樂重上心頭。」這頗似普魯斯特的口吻，而且其來有自。正如歷史學家與評論家羅森（Charles Rosen）所指：「這並非偶然的巧合：普魯斯特讀過這篇文章。」直到十九世紀末，這篇文章都收錄於法國的高中課本。

普魯斯特的洞察力也可能來自當代法國的心理學。內省是一種研究手法，需要一或兩位經過訓練的受測者，詳盡地表述他們的心靈經驗。這種手法強調自我觀察過程，敘述一個人的內在審視，頗類似普魯斯特「現代主義派」的文學風格。里博（Théodule-Armand Ribot, 1839-1916）是法國現代心理科學之父，他在一八九六年著有關於情感心理學的書籍，其中一章專門討論嗅覺記憶，而且更早之前就已發表於讀者眾多的《哲學回顧》（*Revue Philosophique*）期刊。

里博討論了許多「普魯斯特式」的課題，諸如氣味記憶、嗅覺或味覺所生的心理意象、與氣味有關的夢，以及氣味幻覺之類。《哲學回顧》期刊的讀者並不侷限於科學家，還有受過教育的普羅大眾，而占滿心理學期刊版面的普魯斯特，當然也可能讀過這份期刊囉。

一九〇一至〇三年間，《哲學回顧》刊載了幾篇關於情感記憶的論文，其中一位作者名為皮耶榮（Henri Piéron, 1881-1964），他是二十一歲的法國心理學家。該論文包含以下論述：「有時經過某地、處在某種身心狀態時，我會感受到一股莫名又模糊的氣味，不屬於任一氣味分類；那是一種綜合的複雜氣味，使我驟陷於一種難以名狀、完全無法解釋卻清晰可辨的情感狀態。」這聽來像極了普魯斯特版的嗅覺記憶論調……根本就是在說瑪德琳蛋糕嘛。（皮耶榮後來繼續與他人合著教科書，成了法國心理學界的重要人物。）

夏塔克還發現普魯斯特另一個法國靈感來源。哲學家柏格森（Henri Bergson, 1859-1941）於一八九六年發表《物質與記憶》（*Matter and Memory*）一書，是廣受矚目的心理學專書。柏格森以記憶的本質為中心思想，特別強調「抽象或自發的記憶」，即塵封已久才恢復的個人記憶。這種思想與普魯斯特所說的非自主記憶十分相似，普魯斯特於一九一三年受訪時也曾被問及這個問題，他否認自己受到柏格森的影響，夏塔克則表示普魯斯特「只是巧妙地撇清關係」。

華格納的麵包

美國印第安納大學的德國研究學者韋納（Marc Weiner）則不懷好意地推測，普魯斯特的瑪德琳蛋糕泡茶根本是剽竊華格納的構想。這位作曲家因政治因素從德國流亡出走，他找不到道地的德國乾麵包，使他在創作歌劇《崔斯坦與伊索德》時遭遇極大的瓶頸。有一天，他的紅粉知己魏森東克（Mathilde Wesendonk）寄來一大批正統的德國乾麵包，華格納捎了封信告訴她，她的愛心包裹具有神奇的力量（這應該是善意的謊言），說浸了牛奶的乾麵包如何打通他的思路，令他文思泉湧、繼續完成這齣歌劇。

華格納與魏森東克之間的書信於十八、十九世紀之交廣為流傳，法文版本則於一九〇五年出版，比《在斯萬家那邊》早了八年。韋納調皮地指稱，普魯斯特以瑪德琳蛋糕泡茶的靈感來源就是華格納的麵包浸牛乳。

普魯斯特後援會

普魯斯特的嗅覺記憶論調雖然少了幾分原創性，心理學家的採用熱情卻絲毫不減。第一個打著「泡茶瑪德琳蛋糕」旗幟往前衝的是美國布朗大學的恩根，他在一九七三年《實驗心理學期刊》的論文表示：「普魯斯特式的觀點認為，氣味不像其他感知事件那麼容易遺忘。這位大師的論調可有任何事實根據？」恩根認為，我們對於記憶中氣味的辨認能力雖然一開始並不出色，但經過了數週也不會大幅滑落，於是他斷定「普魯斯特的見解完全正確！」（這可是恩根的看法，不代表本書見解。）

恩根認為氣味記憶不會衰退，此論調頗具報導價值。說到一九七〇年代的主流記憶理論，幾乎都是基於用文字或圖形所做的測試基礎，而這些刺激源引發之記憶的消逝時程眾所周知。然而，嗅覺心理學家一開始便假定氣味記憶獨一無二，這個觀點既不脫傳統見解，還添了幾許趣聞軼事。嗅覺心理學家安奈特（Judith Annett）回想那個時代表示：「常有人把負面的實驗結果拿來支持『普魯斯特的地位』。」一九七〇年代所出現的普魯斯特式論點認為，氣味記憶「即使會衰退，速度也很慢」，而且「不因後續的經驗而改變」；結果證明，這兩點都不正確。

恩根這種「嗅覺記憶不可磨滅」的觀念，到了一九八〇年代開始瓦解。加拿大安大略省皇后大學的華克（Heidi Walk）與瓊絲（Elizabeth Johns）觀察到典型的干擾效應，即嗅了第一種氣味後隨即嗅第二種氣味，會使人較難記住第一種氣味；另外也有人發現，遺忘氣味的速度與遺忘景象和聲音的速度不相上下。支配氣味記憶的法則似乎「與記住其他感官形態的刺激源相同」，這類法則包括干擾效應及所謂的複述效應（將欲記住的氣味以口頭敘述便可增強記憶）。

一如心理學家懷特（Teresa White）所指，後續研究多半顯示嗅覺記憶與其他感知的記憶一樣，都遵循著同樣的規則：不但隨著時光消逝，也會受到後續經驗所混淆。嗅覺記憶的純粹性與絕對性是普魯斯特文學奇想的中心概念，卻禁不起科學的檢視。

後援會另起爐灶

心理學家押在普魯斯特身上的第一個賭注吃了癟，便把籌碼轉押另一注。他們提出一說，認為氣味比文字或圖形勾起的記憶更為久遠、也更富情感。新的實驗策略是讓某人嗅聞一種氣味，請他針對該氣味想出一段私人記憶，然後評量該記憶的年代與感受的強度。

第二代普魯斯特後援會以赫茲為首，她也是布朗大學心理學家，在一項研究中聲稱她「首度得到確切的驗證，顯示氣味喚起的自然記憶比源自其他線索的記憶更富情感。」她的大膽言論值得深入觀察。赫茲讓人們嗅味或看圖，之後請他們回想一段私人往事，接著評量他們對這段記憶的情緒波動。圖形勾起的回憶所得到的情緒波動分數低於氣味勾起的回憶，這就是赫茲的立論基礎。然而她掩蓋了一個事實：兩種記憶的分數都在評測表的中點之下；換言之，視覺記憶與嗅覺記憶皆落在「欠缺情感」的那一側，氣味喚起的記憶只不過「比較不冷淡」罷了。

瑞典心理學家韋蘭德（Johan Willander）與拉森（Maria Larsson）想確認赫茲的結果，但是失敗了。他們以氣味、文字與圖片引導人們自我回憶，發現由圖片喚起的記憶最富情感，而氣味喚起的記憶反而最不具情感。韋蘭德與拉森寫道：「我們找到的證據，並不能支持『嗅覺引出的記憶圖像應該比其他感官更富情感』這種論調。」普魯斯特的假說雖經修改（改為氣味記憶雖非絕對卻較富情感），還是無法成立。

二〇〇〇年，第三代普魯斯特後援會挺身而出，並且耗費了一些時間數落前輩。英國心理學家朱賽門（Simon Chu）與唐斯（John Downes）批評以往的研究都不夠接近普魯斯特的本意（例如某些實驗所檢定的記憶並非真正的親身經歷）。朱賽門與唐斯將以往失敗的嘗試與自己的研究計畫比對，自信滿滿地認為，他們的研究計畫抓住了真正的普魯斯特精神。他們的目標是：「至少將普魯斯特詼諧的文字敘述本質，轉化為可用當代認知心理學語言來檢驗的科學假說。」（科學家做這樣的事實在有夠荒謬。一部小說作品無論寫得多麼出色，也不能拿來當做科學研究的絕對標準啊。難道性別研究者也要拿浪漫情愛小說充做假說的根據？史蒂芬金的驚悚小說也能啟發精神病學的恐懼理論？）

外界的質疑聲浪很快便朝朱賽門與唐斯撲來。德國心理學家耶利內克（J. Stephan Jellinek）曾當過調香師與香水銷售員，他可不是個食古不化的學究。他不客氣地質疑，那些在實驗室裡倚賴人為記憶與二次引發的記憶所做的研究，能否用任何有意義的方式捕捉普魯斯特的經驗？他詳讀瑪德琳蛋糕的橋段，將那段經驗濃縮成九種可檢驗的具體特徵（比較困難的部分在於辨認情感、將之與氣味連結起來、並把氣味與過去的事件勾串起來）。據耶利內克的說法，朱賽門與唐斯的實驗只定出了其中三種關鍵特徵。他質疑那種用七分制評量表來衡量情緒反應的方法，真能確切捕捉住普魯斯特所描述的忘我經驗嗎？

最新一代的普魯斯特後援會決意證明氣味記憶確有某些特殊之處，他們現在改稱「氣味比文字或圖片能勾起更為久遠的親身回憶」。這個論點頗有意思，然而膚淺至極。這可說是一連串抗辯的最新說法，至於成立與否根本不是重點，甚至實驗是否抓住了普魯斯特的精髓也非重點；更大的問題在於，研究人員為何不自己觀察嗅覺的自然史，卻寧願以小說的橋段作為研究基礎呢？三個世代的心理學家皆如此，也都迷失了方向。一九七〇與八〇年代的普魯斯特後援會嚴重高估了氣味記憶的持久度，而一九九〇年代則高估了情感成分。進入本世紀，他們又過度強調實驗室的研究如何充分呈現小說的情節。或許現在他們該放下蛋糕了。

奇妙的氣味記憶

在此同時，外頭的真實世界也有許多人認為氣味記憶是獨特的。最近有一份挪威的調查報告，將大眾信念關於記憶的部分與科學發現做比較。一般民眾有百分之三十六誤以為氣味比景象或聲音容易記在心裡，或許反映出當前的科學觀點不太能滿足現狀。如果氣味記憶與其他記憶形態沒什麼兩樣，為何我們吸一口氣而勾起往日回憶會如此大驚小怪呢？除了驚奇之外，需要探究的事情可多著呢。比如說，你並未嘗試記住祖父的工作室有顏料、油漆與溶劑，可是當你不經意走進一股氣味，回憶便不請自來。更教人吃驚的是，那可是你七歲時的陳年往事，而你從未刻意把那些氣味記在心裡；如果曾經刻意記住，這些回憶便不足為奇了。

也許你記得念小學時曾去州政府參觀；事隔多年回想起這麼件事，並不會覺得有啥神奇之處，因為氣味記憶不知不覺自動累積起來，甚至掩蓋了痕跡，連我們都不知道自己還記得。這種隨經驗而來的奇妙感受就像所有魔術般，是基於誤導而生的幻象。我們的心靈一如夜總會的魔術師，趁我們不注意時，把記憶從口袋裡偷拿出來秀一下。

不只是普魯斯特……

心理學界老是繞著普魯斯特打轉，針對非自主記憶鑽牛角尖，反而忽略了內心的氣味景致有著更為常見的特徵，包括我們為何樂於記住某些氣味甚於其他氣味？這是如何做到的？我們怎麼回味？回憶有多鮮明？我們能夠重新體驗的記憶有多完整？對於嗅覺記憶的全新探索而言，這些問題還算是大有可為的起點。

若說普魯斯特是私密非自主記憶的看板人物，那麼上述的另一觀點也需要有自己的吉祥物。關於這個人選，我提名美國小說家亞當斯，他用一句話傳達童年氣味景致的實際感受。他用第三人稱寫了一本自傳，從美國南北戰爭前的孩提時代說起，為我們講了一長串的氣味。隨著他返回過去、在夏季豔陽下與赤腳男孩並肩而立，我們感受到他對戶外生活的熱愛，至於習字簿的油墨味、媽媽的香水味、壁櫥裡的薰衣草香袋或爐中的麵包，他都不屑一提。

亞當斯給我們的正是一部不折不扣的小型嗅覺回憶錄實例，讓你轉換到另一個時空，走到另一個人的鼻子後方。為了向他致敬，我稱之為「亞當斯式氣味記憶」。在我看來，亞當斯式記憶猶勝普魯斯特式記憶一籌，因為它所牽涉的是刻意吸嗅並自發回想的氣味。這些氣味不是普魯斯特式記憶所埋藏的不定時炸彈，亞當斯描寫的是他那個世代人們所熟悉的氣味景致，將他對這種氣味景致的記憶向大眾敞開。

普魯斯特式記憶占據了一塊私密的內心地盤，閒雜人等不得接近。對普魯斯特而言，氣味是一種工具，像是敲打膝蓋以測試反射動作的反射鎚，他以之刺探自己的內心。反觀亞當斯，對年輕的亞當斯而言，氣味就是整個世界；而對年邁的亞當斯，氣味則是一條通往過去的公開通道。深吸一口氣：這是夏季，陽光炙熱，時值退潮時分。

亞當斯式氣味記憶頗受美國作家的歡迎。小說《夢迴憂愁湖》（*Lake Wobegon Days*）的開頭幾句即可發現絕佳的例子，該書作者凱樂（Garrison Keillor）虛構出一個明尼蘇達州烏比岡湖畔的小鎮，像變魔術般呈現在我們腦海中：

一個孩子沿著柏油路與草地間崎嶇不平的砂石小徑，慢慢朝羅氏雜貨店走去，邊走邊踢著前方一塊瀝青。他心無旁騖地踢著瀝青塊走過四條街，完全入了迷。人行道從邦森汽車行開始延伸，一陣微風從湖那兒吹送來軟泥與朽木的清甜空氣，也有幾許魚腥味，並捎來潤滑油的香味、刺鼻的汽油味與新輪胎的氣味，還有對街「話匣子咖啡館」飄來鮪魚熱食的淡淡香氣。

你不必是個莊稼漢也能有所領會。任何人都能透過這些氣味體驗烏比岡湖的景色。

亞當斯式記憶的範圍很廣，簡直就是一場恢弘的情節，而非單一事件；是全面性的氣味景致，而非孤絕的氣味。亞當斯式記憶將整個季節剪輯成芳香的精選輯，可以隨心所欲地重播。與祖父在工作室共度的數十個週六午後，已經精煉成少數的關鍵分子。

亞當斯把似曾相識的景象保存下來，他留給我們一個時空膠囊，封存著一種幾乎消失殆盡的生活形態。就大半美國歷史而言，大多數美國人都在田裡過活與工作，農耕就是美國人共通的氣味景致。作家皮爾遜（Haydn Pearson）生於一九〇一年，在新罕布夏州漢考克鎮（Hancock）的家族小農場長大。他以一部回憶錄遙想當年的周遭環境：「小時候，馬廄是我最愛去的地方之一。我走進『森林之家旅社』後方的伍沃茲馬匹代養中心時，遇到了強烈的醉人香氣，混合著乾草、皮革、穀物、馬具、污損破裂的木質地板與堆肥的氣味。」代養中心辦公室內部也有專屬的特色：「毛氈綁腿、橡膠雨鞋、羊毛襯裡外套與吐痰用的木盒等氣味，與辦公室整體氣味融洽地攪和在一塊。」

他們家用來貯藏根莖類蔬菜、保存食物的農舍地窖也有自己的氛圍：「一股濃重潮濕的刺鼻味，混著濕土、馬鈴薯、蘋果、胡蘿蔔、蕪菁、醃肉、滷豬皮和老舊樓板的氣味。裡頭或許有幾顆爛馬鈴薯，可能還有一、兩個壞掉的高麗菜。若有任何農家地窖的氣味等於爛馬鈴薯與壞高麗菜的加成，我也早就聞過了。」

作家羅根（Ben Logan）生於一九二〇年，在威斯康辛州西南部一處小農場長大。對他而言，割草時節總是芬芳宜人：「此時此刻，那樣的時光又鮮活地重回腦海，回憶中塵土、人與馬的汗水、排放管等氣味一樣也沒少。蝗蟲飛過，發出一成不變的呼呼聲，硬邦邦的土地上有卡車的鐵輪飛快滾過，草繩則咯吱作響。我們從留有檸檬水味的桶子裡取水來喝，可以聞到微溫的水味。尤以曬草的清爽氣味為最。」

普魯斯特式記憶是非自主的，我們會記住什麼或想起什麼，都不是我們所能控制。而亞當斯式的氣味記憶可以隨心所欲地回想，所以是更有用的記憶媒介，不但體現我們共同的往日時光，也提供了保存回憶的方法。有的人會隨性拼湊出自己的嗅覺剪貼簿。有位律師在三十來歲時，曾經敘述他如何感受氣味所勾起的往日情懷：

我在內華達沙漠的礦業小鎮長大，十七歲遷居加州的舊金山灣區，但我從不曾、也絕不會在多雨多霧的潮濕灣區如何快活度日。我懷念往日的豔陽、溫暖清爽的潔淨空氣、沙漠特有的檸檬香、一望無際的遼闊景色及鮮豔的色彩。有幾個夏季，我曾到太浩湖區住一陣子，每次都帶一把漂亮的山艾回家，裝在容器裡，三不五時聞它一下。我每聞一次便有視覺與情緒的感受，伴著十分清晰的沙漠景色在心中油然而生。輕嗅一下，悠悠的思鄉之情便加倍再加倍。

嗅覺記憶的科學研究正在不斷演變。前人將小說文字加以量化卻徒勞無功，走了好長一段無謂的冤枉路，終究揚棄「嗅覺不同於其他感覺」的觀念。正如記憶研究的大領域已不再主張「閃光燈記憶」（flashbulb memory）❶無法磨滅，也開始質疑目擊者證詞的真實性；如今，嗅覺專家認清氣味的記憶與其他記憶形態並無二致，都會消退、扭曲，也會遭到誤解。有了這層認知，我們拋卻一些抱持已久的想法，但也推開一扇窗，讓我們呼吸新鮮空氣，接收嶄新的概念。

❶指一件令人震撼的事件所造成的深刻記憶，這種記憶通常很清晰、詳細且持久，如同閃光燈一閃而保存下來似的。

第十一章

氣味博物館

至今我收藏了數量驚人的用過香水，不過大多數到一九六〇年代初期才開始噴灑。在那之前，氣味在我生活中不過是鼻子偶遇的事物，但後來我發現，我非得擁有一個「氣味博物館」不可，才能確保某些氣味不致永遠消失。

——安迪．沃荷

安迪．沃荷保存了現代文化的一部分，只是他自己沒有意識到。

現代生活如此繁忙，記憶往往逐漸褪去，很難從一大堆雜亂心思中尋回。無論哪一種氣味，即使曾喚起令人驚豔的回憶，也會隨著一次次嗅聞而逐漸淡去。再特別的氣味都會變得愈來愈不特別，感受會隨著事物漸遠而淡去，正因如此，安迪．沃荷的做法令人拍案叫絕：他讓自己灑上一種古龍水，與那氣味建立一種情感的連結，然後將之束諸高閣，收藏進自己的氣味博物館裡；之後即使沒有再拿出來噴灑，那古龍水的記憶也已深埋他心中，不會與其他氣味搞混。安迪．沃荷這種「噴灑然後束諸高閣」的方法非常獨特，不過十分有用；他並沒有反覆噴灑各種香水，因而避免了心理學家所謂的「干擾」現象，保持美好的記憶不褪去。

如果你希望想起的氣味端坐在架上、標示清楚，則要喚起記憶中的氣味十分容易。然而即使是收藏古龍水也有其限制，因為品牌不會永續存在，等到生產線收掉了，最後一瓶香水總有從市場上消失的一天，等到這最後一瓶噴灑完最後一次，香水給人的綜合感受便步入死亡階段了。絕種的香氣再也引發不出任何記憶，為了與過去的氣味保持連結，再怎麼樣都得留下香水本身。一旦沒有東西可以嗅聞，我們又怎麼知道錯失了什麼氣味呢？

令人難忘的氣味

研究愛爾蘭作家喬伊斯（James Joyce, 1882-1941）的學者班史托克（Bernard Benstock, 1930-1994）曾說，只要有文學，留不留香水其實無所謂：「每一部小說都能流傳後世。只要有任何一位新讀者重讀喬伊斯的《尤里西斯》（*Ulysses*），書中特別捕捉住的氣味便永遠不會流失，所造成的苦澀滋味一點不少。」為何班史托克教授這麼有把握，難道每位讀者都能從小說字句體驗到氣味？這樣想似乎有點一廂情願。讀者或許能夠回想一種原本便熟悉的氣味，但說到沒聞過的氣味就只能憑空猜想了。為了體驗過去才存在的氣味，你非得有實際的氣味源不可，如果沒有，即使書寫成再優美的文學作品，到最後文字也會失去其力量。

「加州蒙特瑞的製罐巷是一首詩，是惡臭，是刺耳噪音，是光明源頭，是氛圍，是習慣，是鄉愁，是夢想。」這句話出自美國作家史坦貝克（John Steinbeck, 1902-1968）一九四五年的小說《製罐巷》（*Cannery Row*），小說一開頭便敘述魚罐頭工廠的濃烈氣味，但是到了一九五〇年代，由於過度捕撈，當地的沙丁魚族群數量銳減，魚罐頭工廠也隨之倒閉。史坦貝克於一九六〇年回到蒙特瑞，他登上附近山丘，想要好好回顧童年時代的家鄉景致，沒想到罐頭工廠悉數消失，連那「令人作嘔的惡臭」也不復在，徒留乾旱山丘上野生橡樹的氣味。眼前情景令他想起美國作家沃爾夫（Thomas Wolfe, 1900-1938）的句子：你再也沒有家可以回去了。史坦貝克讓製罐巷的氣味永留紙頁，然而他再也聞不到那種氣味本身，他的讀者們也一樣。

一旦某個氣味景致消失了，特別是許多人都熟悉的某種氣味，真可說是一種文化的流失。就以各地的小酒館來說好了。美國著名記者門肯（H. L. Mencken, 1880-1956）在巴爾的摩長大，他的父親是雪茄製造商，他常與父親一起到許多酒館販賣產品：「在禁酒時期❶之前的日子裡，當時還沒有空調設備，我總喜歡趁著酷熱的夏日，窩在氣味清新、涼爽且氣氛佳的酒館裡，沉浸於薄荷、丁香、啤酒花、苦精❷、辣根、血腸和馬鈴薯沙拉構成的美妙氛圍。那些地方往往暗不見天日，眼鏡鏡片也總是凝結著沁涼舒爽的水珠。」

❶美國曾於一九二〇到一九三三年禁止酒類販賣。
❷苦精（Angostura bitters）取自一種南美洲藥用樹皮，常作為調酒的苦味劑。

門肯要是來到今日滿室明亮、設計新穎的現代酒吧，恐怕無法重溫舊日回憶了。他可能得到曼哈頓下東城的麥克梭利酒館（McSorley's Tavern）才有回家的感覺，那兒自從一八五四年營業至今，依舊供應英式淡啤酒，店內氣氛一直沒有多大改變。老主顧都很喜歡那裡安靜甚至有點陰沉的氣氛，從中得到不少撫慰，正如有人於一九四三年這樣描述：「那兒有股濃重的霉味，對緊繃的神經很有撫慰效果；那氣味綜合了松木屑、松脂、菸草、煤焦煙味和洋蔥。有個實習醫師便曾說，無論處於何種精神狀態，麥克梭利的氣味絕對比任何精神分析治療、鎮定劑或禱告都來得有療效。」

雖然酒館於數十年前移除了燒炭火爐，紐約市長又於二〇〇三年頒布禁菸令、少了菸草那又暖又香的調調，不過麥克梭利依舊保有獨一無二的氣味：地板上松木屑隱隱散逸的發酵味兒。這可是新式連鎖餐廳所沒有的味兒。麥克梭利是酒館界的淨土，至今仍存留了活生生歷史。

氣味消失，文化飄零

在「瀕臨滅絕氣味景致」名單上名列前茅的，還有老祖母的廚房那撫慰人心的香氣。如今很少有家庭在家裡共進晚餐了，即使在家吃也絕少下廚，不是微波冷凍食品就是買外食，情感方面的分量當然大打折扣。家裡整天瀰漫著熬煮肉醬的香味？別傻了。烤箱傳來香噴噴的烤雞味？誰有那種美國時間啊。烤個蘋果派？到麥當勞去買比較快。咖啡香呢？揮揮手說掰掰吧，三十幾歲的人有一半以上會到咖啡店買咖啡，比起三十歲以下的人數多很多。至於在家煮咖啡嘛，那是上了年紀的人才會玩的家家酒遊戲。

熟悉的氣味逐漸飄零，這使我們的文化結構受到侵蝕，甚至影響到觀影經驗。以電影《開放的美國學府》（*Fast Times at Ridgemont High*）❸片中一幕為例，整個教室的學生拚命吸著考卷的氣味，而那些考卷剛從古早的酒精複印機印出來；如果你出生在一九八二年以後，可能就看不懂這一幕要表達的笑點了。而在另一部電影《翹課天才》（*Ferris Bueller's Day Off*），學校秘書老是猛吸立可白的氣味，這一幕看在電腦世代的眼裡也很難理解，因為修正液差不多隨著打字機銷聲匿跡了。

當古代人還住在農村時，牛糞味代表的是家庭的經濟支柱。然而在今天的鄉村地區，新搬來的郊區居民早已有不同看法，他們認為乳牛牧場簡直是公害，反對原野上到處是乳牛大便。為了捍衛傳統的農村生活方式，美國密西根州農業社區的土地規畫委員會製作了一張「牛糞氣味刮刮卡」，夾在說明小冊中，發送給剛搬來此區的居民；賓州的農業重鎮也曾如法炮製，做出自己的氣味說明小冊。

舊日氣息僅存記憶

隨著世代交替，人們偏愛的天然氣味也不斷更迭。回顧一九三一年，一項調查列出大眾經常

❸此片由西恩潘、尼可拉斯凱吉、菲比凱絲等知名演員年輕時主演，描述當時青少年面臨的各種議題。

聞到的五十五種氣味，結果不令人意外，包括松樹、紫丁香、玫瑰等，其中紫羅蘭居首，大蒜與汗水墊底。然而回頭看這張表會發現一些奇怪的氣味，像是金縷梅、菝契、豬油和松節油，這些氣味在七十年前很容易聞到，到了今日卻顯得很奇特。「菝契」的氣味是在何時飄出我們的氣味景致之外？它比金縷梅持續得久一些嗎？如果能夠追蹤長久以來大眾的氣味感知變化，應該是很有意思的事。顯然我們需要來個「氣味大調查」。

荷蘭知名建築師庫哈斯（Rem Koolhaas）很清楚氣味景致消逝得有多快：「我在新加坡港度過八歲生日，我們雖然沒有上岸，可是我清楚記得那氣味……兼具香甜與腐敗味，都很強烈。去年我又造訪那裡，當時的氣味已經不見了。事實上，連新加坡都不見了，只剩下一部分，整個城市重新建設過。那兒是個全新的城市。」

場景換到美國東北部，燃燒樹葉的氣味是秋天的正字標記。當地每個人都能領會美國小說家塔金頓（Booth Tarkington, 1869-1946）於名作《安柏森家族》（*The Magnificent Ambersons*）所做的暗示：「那年秋天露西回到家，燃燒樹葉的氣味益發深濃，而在各家報紙上，年度社論無不討論著紫色霧靄、金色枝椏、紅潤果實，以及在漆黑森林裡長途漫步的樂趣。」燃燒葉堆產生的灰色裊裊煙柱，伴隨著季節即將結束的心情，那是一段時間的結尾，是悲傷，是深思。美國詩人麥斯特斯（Edgar Lee Masters, 1868-1950）以之描繪老人的愁緒：「啊，那秋煙的氣息，紛落的橡實，溪谷的回聲，為生活帶來了夢境。」

時至今日，已有好幾代的孩童不曾伴隨著燃燒樹葉的氣息長大成人。美國詩人醫師湯瑪斯

（Lewis Thomas, 1913-1993）便深感遺憾：「我們應該堅持保留一些離我們遠去的美好氣息，而我會投給樹葉火堆一票，如果需要立法保存的話。」對湯瑪斯來說，在火堆邊嬉戲玩耍既有趣又刺激，是最棒的童年遊戲。「改變那樣的習慣是錯的，無論是否產生煙霧、二氧化碳和溫室效應之類的問題，總之不再燃燒秋天樹葉是一種巨大的損失。」管他什麼環境學家，湯瑪斯就是要把葉子全部堆在一起，點燃一根火柴丟進去。然而他的懷舊之情終難實現，現在很少人能體會燃燒樹葉的辛辣煙味有多美好，更別提燃燒時那靜謐的劈啪聲響。家家戶戶草坪上香煙裊裊的舊時儀式，如今已為轟隆作響的吸葉機與汽油燃燒不完全的黑煙所取代了。

穿越時空而來的氣息

保存今日氣味的急迫性似乎並不強，畢竟我們可以運用科技回復一些氣味，問題是已然絕跡的氣味就沒那麼容易重新製造了。舉例來說，一九八四年有一項研究想要復原一些食物的香氣，以便研究史前人類吃些什麼東西。他們依循的線索深藏於人類大便化石（講得文雅一點叫「糞化石」），所用的樣本取自美國猶他州一個洞穴的地面，可回溯自六千四百年前。這些糞化石因為沙漠氣候的關係保存良好，不過對科學家來說仍是一大挑戰，因為要將古代大便拆解、復原，至今尚無可供依循的步驟。於是，研究小組花了一個月自行研發相關技術，使之臻於完美。

首先為了訓練所需，必須先製造一組標準大便樣本，於是他們邀來一位大好人志願者，依照指示吃下一堆食物（例如高纖食物、各種水果和蔬菜、只吃桃子等等），然後將「產出的成果」保存下來。他貢獻的東西經過冷凍乾燥，變成類似化石的模樣，用來做先期測試。為了讓練習用的樣本有氣味可聞，他們將樣本浸入磷酸鈉溶液，使之產生足夠的氣味可供分析。（請注意，如果有學生想拿來當做科展題目，這個步驟需時數日。）接著請一位有經驗的嗅聞者待在氣相層析儀的出口處，將聞到的氣味記錄下來。噴出的氣味五花八門，像是麵包、玉米、花生、啤酒、桃子、爆米花、洋蔥、甘草、花椰菜和肉類等，受測者吃了愈多東西，研究小組偵測到的氣味便愈多元。

技術研發得相當完善後，研究小組就開始分析史前人類的便便。他們把古代樣本放進氣相層析儀，靜靜等待秘密揭曉的一刻。你可以想像，儀器開始加熱後，實驗室瀰漫著緊張的氣氛，研究人員頻頻在氣體噴出處來回踱步。他們會有成果嗎？或者只是白忙一場？

過了幾分鐘，古代便便所埋藏的秘密開始由氣相層析儀漸次吐出。研究人員果然得到一堆預期中的糞便氣味成分，不過還伴隨著其他食物氣味，像是綠葉、青草及甘草味（怪哉）。接下來，他們又注入比較近代的樣本，來自公元一一〇〇到一三〇〇年美國科羅拉多州格蘭峽谷（Glen Canyon），結果聞到燒焦的玉米、肉類及甘草（怎麼又來了）。其實有甘草味並不意外，當地有兩種植物具有這種氣味，分別是美國甘草和野胡蘿蔔（sweet cicely），都是美國原住民會吃的食物。科學家這次研究還滿成功的，將氣相層析儀變成一個時光隧道出口；許多博物館架上想必躺著一大堆變成化石的氣味，接下來換誰想要復活一下啊？

如果真有香水博物館……

如果是一整個氣味景致已然消逝，那可就亟待保存了。在這保存氣味記憶的危急存亡時刻，像安迪．沃荷那樣的個人氣味博物館有沒有可能擴大發展呢？

在加州的沙利納斯市（Salinas），美國國立史坦貝克博物館正打算把史坦貝克小說中動人的氣味景致保存下來。以《製罐巷》為例，小說人物達克（Doc）在西方生物實驗室工作，史坦貝克為他的實驗室描繪了一大堆氣味，可供讀者的鼻子按文索驥：

> 辦公室後方的小房間有許多水族箱，養了許多活生生的動物；房間內也有不少顯微鏡、玻片、藥品櫃、玻片盒、實驗桌、小型馬達、各種化學物品等。這房間傳來各種氣味，有福馬林、風乾海星、海水和薄荷、石炭酸和醋酸、棕色包裝紙和稻草和繩索的氣味、氯仿和乙醚的氣味、馬達溢出的臭氧味、顯微鏡之白鋼和薄薄潤滑油的氣味、香蕉油和塑膠試管味、乾毛襪和靴子的氣味、響尾蛇的刺激辛辣味，以及老鼠那熏臭可怕的氣味。而當潮水漸次湧上之際，後門更傳來海草和藤壺的氣息。

史坦貝克博物館製作了一些互動式永久展示設施，可讓參觀者聞到各部小說出現的各種氣息，像是《小紅馬》（*The Red Pony*）的馬廄味、《科特斯海航行日誌》（*The Log from the Sea of*

Cortez）的紅樹林氣息等；這些氣味會由隱藏的罐子釋出煙霧，由計時器控制而定期噴出。不過這種虛擬氣味實境有時會讓參觀者卻步，像是《製罐巷》的沙丁魚腥味便讓參觀者大感吃不消，有人抱怨博物館好像有東西臭掉了。此外，《人鼠之間》（*Of Mice and Man*）的老狗氣味也不受歡迎，可是館員們仍然捨不得撤掉。

其實「氣味博物館」的展示概念並不新潮，早在一九六七年，史密森尼博物館便在美國服裝展示廳偷偷施放薰衣草氣味。近代的例子則有曼哈頓下東城的移民公寓博物館（Tenement Museum），館內設置了模擬煤爐的氣味產生器，讓參觀者體驗一八七八年早年移民公寓內的氣息。這個點子很棒，而其實那個年代的移民公寓總是擁擠不堪、密不通風，室內往往瀰漫著各種濃烈氣息，像是烹煮食物和便壺的味道，如果通通模擬出來，展示效果恐怕不會太好。

英國的博物館特別喜歡來點氣味，如果你造訪英格蘭東部海濱小鎮甘士比（Grimsby）時覺得太無聊，不妨前往當地的國立傳統漁業博物館，保證能聞到一堆舊時的海洋氣息，包括海草、海風和風乾鱈魚等。不然請轉往約克市，那兒的約克維京人博物館（Jorvik Viking Center）也用氣味重現維京人村落的氣氛。而在利物浦的海洋博物館，一九五〇年代巡邏艦「愛德蒙・嘉德納號」（Edmund Gardner）的引擎室依然生龍活虎，散發出熱烘烘的柴油味。此外在二〇〇一年，倫敦的國立自然史博物館打算在信封內灌入氣體，讓人一打開便聞到暴龍噴出的惡臭氣息。然而到了最後一刻，館員們臨陣退縮，改用一種比較不明顯、沒那麼嚇人的沼澤氣息，讓人聯想到暴龍生活的白堊紀環境。你閉上眼睛，從信封裡深深吸一口氣，也許只會覺得自己站在夏日炎炎的一片草地上吧。

這些氣味展示設施往往頗為熱門，顯示博物館走這種比較親民、不太嚇人的路線是對的，也因此比較像主題公園，而非文化殿堂。有些人則致力於營造藝術評論家卓布尼克（Jim Drobnick）所說的「氣味境界」（aromatopia），讓大眾享受一種全然的浸潤、五種感官全開的體驗。為了達到這種效果，策展人員紛紛前往拉斯維加斯賭場等地實際體驗，正如我們先前提過的，賭場對於營造氣氛所下的工夫可深了。

香水噴霧器的革命性發明

對香水業界來說，「保存」絕對是優先工作，特別是香水業界向來有著引領潮流的悠久歷史，也不斷有產品推陳出新。全球收藏量最大的是法國凡爾賽的香水博物館（Osmothèque），創立於一九九〇年，也作為香氛與化妝品業界的訓練機構。此處收藏了超過一千四百種香水，其中有五百種已經不再生產。儘管在香水業界工作，我發現自己到了香水博物館很難變得興致高昂……誰要看一大堆小瓶子排排站啊？（好不容易看完一瓶，後面還有一千三百九十九瓶羅列在架上……）對某些人來說，看到一瓶歷史悠久的霍斯頓（*Halston*）香水簡直要跪下來膜拜，至於我呢，還不如細長脖子的酷爾斯（Coors）啤酒瓶和我比較對盤。

話說回來，五百種業已停產的香水還是值得停下腳步瞧一瞧，尤其如果用令人心動的方式來展示，例如可以嗅聞一系列香水，像是「從 *Obsession* 到 *Euphoria*：卡文克萊香水回顧展」，或者某種難得一見的香水，例如「動盪：透視後喬吉歐香水時代的頂尖香調」。

對大多數男性來說，走一趟香水博物館簡直是痛苦的折磨，害他們的雄性激素大量流失。我可以給他們一點提示，這個博物館設有「科技展覽室」，想必能夠穩定各位男士的荷爾蒙。在這個有著玻璃圓頂的展覽室內，陳列了世上第一瓶噴霧式香水，是在一八五九年由塞爾吉宏（Jean Sales-Girons, 1840-1897）所發明。其實塞爾吉宏的本意與香水無關，他只是想讓人們吸入號稱有療效的法國礦泉水，後來有許多醫師採用他這種「噴霧器」，將藥物噴入病患的鼻子和喉嚨。這種噴霧器也衍生出其他用途，像是與一個橡膠製擠瓶連接在一起，而且很快便獲得牙醫、化學家、理髮師和其他專業人士爭相採用。

直到一八七八年巴黎萬國博覽會期間，這種噴霧器發生了戲劇化的「變性」過程；根據噴霧器專家拉蒂馬（Tirza True Latimer）所言，在這個規模盛大的工商展覽會上，噴霧器跨界進入化妝品產業，變得「女性化」了。「嬌蘭」和其他法國香水業者開始朝路過的人噴灑最新產品，女士們立刻就發現，這豈不是噴灑香水的最佳方法嗎？不但噴得均勻，也不會弄得衣服濕答答。到了一八九〇年，這種噴霧器端坐在全世界淑女的梳妝台上，直到發明了幫浦式噴霧器為止。

嗅覺科技展覽室

在我心目中，這間「科技展覽室」應該要凸顯一個主題：由男性雙手做出的香水噴霧器，如何對科技界造成重大影響。德國工程師邁巴赫（Wilhelm Maybach, 1846-1929）於十九世紀末設計出第一具內燃機，他令汽油以全新方式進入汽缸，使汽缸點燃時釋放出最大的爆發力；事實上邁巴赫在設計化油器時，他太太的香水噴霧器給了他許多靈感。

數年後，美國芝加哥大學畢業生佛萊契（Harvey Fletcher, 1884-1981）跟隨物理學家密利根（Robert Andrews Millikan, 1868-1953）測量電子攜帶的電荷，他們想讓水蒸氣懸浮在兩塊導電板之間，可是水總是蒸發得太快。於是他們決定改用油滴，佛萊契找來珠寶匠用的鐘錶潤滑油，而且突發奇想，用香水噴霧器來噴出微小的油滴。結果實驗成功了，密利根也拿到一九二三年的諾貝爾物理獎。

而這間科技展覽室若沒有展出瑪森（Gale W. Matson）的成就便不算完整，她是３Ｍ公司的有機化學家，一九六〇年代初期嘗試製作不含碳的複寫紙，結果反倒發明出氣味刮刮卡技術（複寫紙和氣味刮刮卡原理相近，都是在一層可弄破的薄層底下布滿微小液滴，在複寫紙是墨水液滴，氣味刮刮卡則是香精油滴）。氣味刮刮卡立刻打入小朋友市場，一九七〇年上市的香味繪本《香甜耶誕節》（*The Sweet Smell of Christmas*）至今仍在印行，還有許多類似的香味繪本。此外，自從一九七二年六月《麥考斯》雜誌（*McCall's*）的一則香水廣告後，氣味刮刮卡便經常應用於香水廣告，直到更逼真的新方法出現為止。

氣味刮刮卡在表現生活中特具男性雄風、粗俗下流的一面更是發揮得淋漓盡致，例如，異色雜誌《好色客》（*Hustler*）那位風格低俗的發行人佛林特（Larry Flynt）便十分熱中此道，在一九七七年八月號的雜誌封面上，一排大寫字體彷彿在對你嘶吼叫道：「沒試過刮開有氣味的中央摺頁❹吧！」封面底下則用較小字體寫道：「警告：請在家中私下偷聞，未成年不宜。」（其實那香味是「普級」的，只不過是香蕉、玫瑰和嬰兒爽身粉味。）我們先前也提過，導演華特斯曾隨電影《家庭主婦抗暴記》發放氣味刮刮卡，算是他對「嗅覺電影」致敬之舉。

此外，一九八六年出現史上最早的成人電玩《皮革美女》（*Leather Goddesses of Phobos*），除了有大張磁片供當時的將軍電腦（Commodore）之用，還附贈七張氣味刮刮卡。每當電玩遊戲進展到某一關，畫面便指示玩家取出某張氣味刮刮卡，嗅聞此地發出的特定氣味，例如衣櫥內的樟腦味、穆斯林女性閨房的香水味、某女郎臥室的皮革氣味等。而最具男性雄風的氣味刮刮廣告應屬《國際武力期刊》（*Armed Forces Journal International*），你會發現一句提示語寫著「勝利的氣味」，宣稱內含「最尖端之空對空導彈『火蛇七〇』（Hydra 70）的必勝氣味」，其實是無煙火藥燒過的氣味。

我認為「嗅覺科技展覽室」應該很有吸引力，不過我心裡有數，這個展覽室可能不會在凡爾賽香水博物館找到好歸宿。也許地點應該選在巴黎市，或者美國德州，總之是週末假期有很多胖嘟嘟的傢伙騎著哈雷機車、聚在一起緬懷舊日含鉛汽油那股香甜氣味的地方吧。

藝術融合氣味會如何？

由於有不少博物館著迷於香氣展示設施，令我們不禁想問一個問題：有沒有傳統的氣味藝術呢？其實嗅覺藝術從來都不是很成氣候。藝術評論家卓布尼克認為這種概念太新潮，不曾為博物館與「嚴肅的」收藏家所接受。我不同意他的看法，因為當代藝術看重的是革命性、挑戰性，以及能否突破所有的界限與戒律。就以攝影家塞拉諾（Andres Serrano）的著名作品《尿尿耶穌》（*Piss Christ*）來說好了，他把耶穌受難的十字架像泡在尿液裡，是不是要聞起來像泡在馬尿裡才算「突破」呢？

可惜嗅覺藝術作品一直擺盪於平庸和做作之間。平庸之作例如當代藝術家山多佛（Alex Sandover）展示於紐約一家藝廊的作品，螢幕上有位婦人在五〇年代風格的廚房裡準備晚餐，觀眾一邊看著她忙東忙西，牆上隱藏的噴霧器則釋放出相應的氣味，像是鼠尾草香料、蘋果派等。這種「看到也聞到」的對應關係太缺乏想像力了吧，當然也缺乏「突破性」。（如果那位婦人對著攝影機嘔吐一番，隨之傳出相應的氣味，那麼山多佛早就是藝術界的大咖了。）

住在柏林的挪威藝術家托拉絲（Sissel Tolaas）算是比較成功的，她令九位男性分處於不同狀態，像是害怕、焦慮等，然後由他們的腋下收集汗水，再以化學方法萃取，裝入微型膠囊，最後灑到大張的彩色床單上。她把這巨大的「刮香布」設置在藝廊牆上，讓參觀者體驗一番。她在二〇〇七年的展出題目名為「嗅聞恐懼與恐懼嗅聞」。聽起來挺噁心的，恐怕聞起來也很噁心。托拉絲還不賴，她這樣算是很具突破性。

藝術家覺得在傳統的視覺藝術加入氣味實在很麻煩，因為氣味飄揚在空中很難控制，觀者也

❹色情雜誌的中央摺頁多半是跨頁裸女照片。

往往認為多此一舉。事實上，視覺藝術家根本不知如何以氣味搭配他們的想像力，這還得靠專家助一臂之力。二〇〇四年，紐約蘇活區一家藝廊將名人的攝影作品搭配香水展出，展場弄得烏漆嘛黑的，而每一張彩色照片都採背後打光，旁邊各配一個按鈕和噴嘴，按下去便可聞到一股香氣。例如時尚大師卡爾．拉格斐（Karl Lagerfeld）的照片題為《飢渴》，一名赤裸男人手拿渾圓的麵包，放在他的腹股溝前面；伴隨這張照片的氣味出自調香師瑪琳（Sandrine Malin）之手，不過還滿普通的……既不突出，也不怎麼臭。

另一張照片則由米其林星級名廚馮格里奇頓（Jean-Georges Vongerichten）與調香師祿東（Loc Dong）聯手，題名為《奇異》，一顆毫無光澤的水果裂開一個大口，特別強調它與女性解剖構造的相似度。這個作品的涵義相當明顯：「看你還敢不敢聞！」我聞了，結果那氣味實在太抽象，不太能傳達視覺上的隱喻效果。

而嗅覺藝術若以表演藝術的方式來傳達，則很有「做作到令人尷尬」的潛力。舉例來說，藝術家路易斯（Mark Lewis）一九八九年的作品名為《氣味的奢華》（*Une Odeur de Luxe*），很像國中生的高明惡作劇，卻被大人當做寶，連評論家卓布尼克也不例外。卓布尼克的評論如下：

> 路易斯以氣味做辯證……試圖揭露並破除關於兩性差異的意識形態，以及精神分析學家拉岡（Jacques Lacan, 1901-1981）所說的「排尿的隔離」（urinary segregation）。藉由在男廁噴灑女用香水、在女廁噴灑男用古龍水，路易斯質問身分建構的目的及其表述。這種跨性別的氣味傳

播，使得每個空間（以及在內的每個人）變成嗅覺上的雌雄同體，迫使建築空間的角色所代表的兩性差異發生衝突，一如其他想當然爾的二元衝突。

這種詮釋未免太超過了一點。我覺得路易斯還比較像美術學校愛搗蛋的「霸子」❺，應該有人要罰他在黑板上寫一百次：「我再也不到女生廁所噴古龍水了。」

奇珍異卉大顯身手

當美術館館長還在考慮是否開放一些空間給嗅覺藝術，有一種氣味倒是保證吸金：腐肉的臭味。這種惹人嫌卻有利可圖的氣味，其實來自一種巨大的花莖，許多人可是爭相排隊想要近距離聞聞看呢。這絕對是馬戲團等級的嗅覺展示品。

這種植物稱為巨花蒟蒻（*Amorphophallus titanum*），一八七八年於蘇門答臘島發現。巨花蒟蒻大多數時間是以重達八十公斤的塊莖形態生活在地下；每隔兩、三年，塊莖會抽出一到三公尺長的花莖。巨花蒟蒻的拉丁文學名意為「巨大醜陋的陰莖」，你能想像它的模樣了吧。巨花蒟蒻的花莖成熟得很快，約可持續三天，釋放的氣味聞起來像腐肉；在自然環境中，這種氣味會吸引

❺霸子是卡通《辛普森家庭》的兒子，是個愛惡作劇的小鬼。

麗蠅、肉蠅和食腐甲蟲等，一旦這些蟲子幫忙傳播花粉後，花朵便不再放出臭味，而且很快就凋謝了。

巨花蒟蒻的塊莖原本種植在陰暗潮濕的溫室，這下子變得聲名大噪，除了多出「屍花」的渾名（也有人說這名稱譯自蘇門答臘語），許多植物園也紛紛交換種子、不時展示給一般大眾觀賞，讓巨花蒟蒻簡直像是植物界的AV女優。美國首次引進巨花蒟蒻是在一九三七年的紐約植物園，不過一九九六年倫敦基尤植物園（Kew Gardens）那次才是真正轟動，總共吸引五萬民眾入園觀賞；而在一九九八年的亞特蘭大植物園，甚至有四家電視台出機拍攝開花盛況。電視媒體這種撲天蓋地的報導，把大眾的熱情炒高到幾乎無法控制，有人便說：「我以為會看到死人的腐肉呢。」這位仁兄，你也太妙了吧。

這種尺寸巨大、氣味邪惡、形狀像陰莖的植物在各地引領風騷，展出日期和地點活像搖滾樂團巡迴演出的時程：一九九八年在亞特蘭大和邁阿密，一九九九年在沙拉索塔（Sarasota）❻和洛杉磯，二〇〇一年在華府、威斯康辛州麥迪遜，再回到邁阿密和亞特蘭大。媒體細胞活絡的策展人員趁機大作文章，例如沙拉索塔的瑪麗·賽爾比植物園（Marie Selby Botanical Gardens）會在網站上每日更新開花時程，威斯康辛大學更是不遑多讓，以網路攝影機實況轉播開花過程。

由於巨花蒟蒻的名氣愈來愈響亮，形象也有了轉變；過去的渾號「屍花」下台一鞠躬，人們開始將它擬人化了。二〇〇一年，邁阿密將它開的花取名為「臭臭先生」；加州大學戴維斯分校與之分庭抗禮，為它取名「泰德」，後來也把二〇〇四年開的花取名為「塔巴莎」；加州州立大學福勒頓分校也不甘示弱，將「塔巴莎」改名為「提菲」。「塔巴莎」只吸引四千名觀眾到現場參觀，不過網站瀏覽達到五萬二千人次，更有一萬一千人次觀賞網路攝影機轉播。（這點倒是令人很疑惑：如果你聞不到「臭臭先生」的氣味，盯著它要幹嘛？）顯然推出相關商品只是時間早晚的問題：「嗨，我是提菲美眉，我們網路攝影機見，你也可以上網買我的氣味喲！」

細細描繪氣味景致

英國文豪吉卜齡（Rudyard Kipling, 1865-1936）為了記下氣味令人心醉的力量，曾經寫下這些後人廣泛引用的詩句：「氣味比聲音或眼界有效得多／令你心神為之崩潰……／他們開始徹夜鬼叫／細語呢喃著：『老兄，回來吧！』」如果普魯斯特念念不忘的是時間，吉卜齡念茲在茲的則是空間。他要描寫的主題是思鄉之情，即一種氣味在兩個大陸面臨的衝突。吉卜齡的描述並不抽象，他心中確實想著特定的氣味，接著它便現身了：「正如同里契騰堡合歡樹的氣味／乘馬而來，在花雨中。」合歡樹（wattle）的氣味在整首詩重複出現了五次，是這首詩的核心。你可能會問，合歡樹是什麼？又為何有如此深刻的效果？

〈里契騰堡〉（Lichtenberg）這首詩藉由一名澳洲騎兵之口說出，他來自澳洲新南威爾斯省，

❻位於佛羅里達州。

在波爾戰爭（Boer War）❼期間策馬行走於南非。金合歡是一種含羞草科植物，也是澳洲國花，春天時分綻放出壯觀的金黃色頭狀花序，並散發如蜂蜜般的馥郁香氣。吉卜齡住在南非時，無意間碰到一件事讓他得到靈感：「我見到一位澳洲騎兵，他拉扯一叢合歡樹枝仔細嗅聞，於是我騎到他身旁，問他來自何方。他做了自我介紹，然後說：『我不曉得這裡有我家鄉的合歡樹，聞起來與家鄉一模一樣。』這件事令我產生整首詩的靈感，接下來我只需描繪場景即可，幾乎不費一絲工夫。」

像這樣由氣味的力量喚醒對特定地方的記憶，使得氣味博物館很有機會發展出創新的展示內容。近來有個十分接近的例子，出自設計師柯札莉（Hilda Kozári）與調香師杜查佛（Bertrand Duchafour）之手，他們在二〇〇六年一個名為《空氣：城市嗅覺裝置》的藝術作品中，將氣味與場域結合在一起。柯札莉讓三個半透明球由天花板垂掛而下，每一個球都大得足以讓觀眾從底部一個洞走進去，而且球體赤道處包覆了一層薄薄的海綿物質，杜查佛使之浸濕，散發出一種城市的氣息。此外，球體表面投射了單色調的錄像畫面，觀眾站在球體內，便能體驗布達佩斯（柯札莉的家鄉）、赫爾辛基（她工作的地方）或巴黎（不然還會是哪裡）。

這幾個大型氣味球的概念還滿酷的。赫爾辛基球散發出淡淡的綠葉香氣，與綠色調的錄像畫面再搭配不過了；布達佩斯和巴黎的氣味則不是很鮮明，而三個球的錄像畫面都由一輛移動的汽車投射出來，讓所有城市看起來一個樣，盡是無窮蜿蜒的道路、橋梁和車陣。我抱著很高的期望踏入球內，離開的時候卻有點失望。我想起吉卜齡的詩，也渴望里契騰堡的那份感受；我好想到世界一端的澳洲嗅聞合歡樹、瞧瞧美麗花雨，也想到另一端的南非體驗一番。

城市氣味地圖

如果想要認真保存一地的氣味，只到某些地點取樣是不夠的，應該調查整個區域才好。我曾陪同《紐約觀察家》（*New York Observer*）週報的記者做了一趟曼哈頓氣味探險，時值仲夏，紐約充滿各種氣味，不過要鎖定某些惡臭的確切來源並不容易。高級健身房的空氣有點污濁，但不是太難聞。其中最可怕的發現要算是大學街與十三街附近，人行道旁有一灘臭兮兮的水，真不曉得發生什麼噁心的事，值此午後時分只剩地上一灘殘跡。《觀察家報》記者還找了其他鼻子專家到處探訪，最後寫了一篇報導名為〈城市怪味地圖〉。

其實「氣味導覽之旅」還滿有發展潛力的。《華盛頓郵報》記者也曾邀請一位調香師和一位退休清潔工共乘豪華轎車，來一趟紐約漫遊之旅。他們造訪一些熱門景點，結果也頗如預期：肉品市場區有臭豬油味，中國城餐廳廚房傳來炸鍋熱油味，中央公園的馬車附近則有馬糞味。一路上，那位法國出生的調香師不停尋找深具紐約地域風格的香水。（這也難怪……畢竟那輛豪華轎車和司機都是她的。）

談論紐約八卦的部落格「呆瓜」（Gawker）也製作了城市氣味地圖，他們力求面面俱到，令

❼波爾戰爭發生於一八九九至一九〇二年，英國為瓜分南非殖民地，與當地荷蘭殖民者後裔波爾人發生戰爭。

人耳目一新。部落格邀請讀者感受紐約市各個火車站和地鐵月台的氣味，並以電子郵件寄出氣味報告，而得出的結果並不令人驚訝；就連名媛芭黎絲．希爾頓（Paris Hilton）都很有概念，她寫道：「沒錯，我承認我在紐約搭地鐵……也聞到氣味了。聞起來實在很像尿味。為什麼沒人去處理一下呢？」

「呆瓜」部落格將大眾的意見收集起來，編製成一個互動式的「紐約市地鐵氣味地圖」，只要用滑鼠點進任何一個車站，便有色彩繽紛的小圖跳出來，告訴你這一站會出現哪一類惡臭。你要在三十四街和第八大道路口搭乘A－C－E線地鐵嗎？「呆瓜」小圖會跳出來告訴你，那兒有汗臭、便便、尿、下水道和嘔吐物的氣味。還需要更詳細的資料嗎？不妨再點擊下方的讀者詳細評論：「好像有東西死掉的腐爛味……老舊公廁的屎味……新鮮屎味……下水道臭味……吃過蘆筍的尿味……飢渴老女人的氣息……很像嘔吐物的臭味。」根據這個地鐵氣味地圖，唯有上東城高級住宅區的地鐵站沒有臭味；這結果可能沒錯，也可能包含先入為主的偏見……閱讀「呆瓜」的時髦人士也許從未到遙遠的曼哈頓下城去探險吧？

不同城市的氣味標記

而鼻子調查員的終極目標，應該要調查全國的氣味景致。有可能辦到嗎？海倫凱勒認為有可能：「我可以輕易分辨出美國南方小鎮的氣味，像是炸雞、塵土、甜薯、玉米麵包，而北方小鎮的代表氣味就是甜甜圈、鹹牛肉、魚丸和燉豆子。」其實美國城市各有特色，海倫凱勒便有她自己的嗅覺位置地圖：「藉由啤酒釀造廠的氣味，我從好幾公里外就可以聞出杜魯司市（Duluth）和聖路易市（St. Louis）❽，而夜間路過伊利諾州的皮奧里亞市（Peoria）時，只要距離夠近而聞到威士忌酒香，就能把我從睡夢中喚醒。」

然而即使是家鄉的代表氣味，也不盡然是美好的。女作家鮑曼（Celeste Bowman）如此描述她對德州的感受：「我的鼻子受到海水的刺激氣味猛烈襲擊，令我不禁眼睛一亮，嗅聞著魚蝦貝類爛掉的腐臭味，那是我特愛的異香。海的氣息是家鄉的氣息，我於聖體節回到此地，作客於我童年時期的城市。」

商業氣味也常成為各地嗅覺景致的特定標記。五十五年來，「救生圈」（Life Saver）糖果工廠一直為紐約州契斯特港（Port Chester）傾注水果甜味；在紐澤西州黑格斯鎮（Hackettstown），火星糖果廠讓此鎮瀰漫著巧克力香味；至於比利時的霍勃肯市（Hoboken）則因麥斯威爾工廠的關係，不時飄著烘焙咖啡豆的香氣。

「思拿多」（Snapple）果茶工廠讓巴爾的摩一些地區香氣四溢，其他地區則各有灰泥廠、釀醋廠和大型烘焙坊貢獻氣味，而「味好美公司」搬遷到巴爾的摩北郊之前，工廠烘烤綜合香料的氣味也曾縈繞此地久久不散。密西根州摩斯奇更市（Muskegon）的造紙廠散發出令人印象深刻（也許不太好聞）的濃重味道，德州的硫磺泉市（Sulphur Springs）則因香腸工廠而有獨特的美味

❽杜魯司位於明尼蘇達州東部，聖路易位於密蘇里州東部。

氣息。

令人魂牽夢縈的的氣息

我們不妨來製作一份各地代表氣味的年鑑。由於我在加州長大，我的「鼻路系統」無可避免地歸屬於加州。那裡會散發很多種代表氣味（全都同等重要），足以占滿氣味博物館的一大區。這個「黃金州」也令勇往直前的海倫凱勒大為傾倒：「我想，我可以為物產豐饒、氣候溫暖、充滿各種香氣的加州寫一本書，但我還是不寫的好，因為可能會一發不可收拾。」

我倒是很想試試看呢。也許可從紅杉林，以及內華達山腳下遍地的地薔薇和草原狼薄荷著手。也要幫洛杉磯市中心的拉布雷亞瀝青坑（La Brea Tar Pits）留個位置，那兒瀰漫著宜人、乾淨的柏油味兒。千萬不可遺漏北方遠處拉森火山（Mount Lassen）臭烘烘的火山口，以及大瑟爾國家公園附近依沙蘭（Esalen）的硫磺溫泉。美麗的太平洋海岸自有其特殊景致，那兒有成堆的腐爛海藻和臭氣沖天的潮間帶泥巴。只要風向恰恰好，你還能聞到外海礁岩上的鳥糞臭味，以及新年岬（Point Año Nuevo）保護區的象鼻海豹惡臭。

新聞記者與社會觀察家麥克當納（Heather MacDonald）在洛杉磯的高級地段寶艾區長大，那裡是人口稠密的城市，因此她喜歡在附近地區從事戶外活動，加州人的生活常會形成這種反差。「我經常在聖莫尼卡山區流連忘返，夏日時分充斥著乾燥灌木叢的氣味，當然還有尤加利樹和野芥菜花香，光影游離……使我將豐富的氣息與這片土地緊緊聯繫在一起。」

尤加利樹是從澳洲引進的，如今已遍布整個加州。維多利亞黃楊樹也來自澳洲，同樣在南加州的氣味景致占有一席之地，它在夜間散放出醉人的柑橘與蜂蜜香氣，每到二月便席捲整個洛杉磯地區。當地專欄作家麥克娜瑪拉（Mary McNamara）曾寫道：「那氣味由敞開的窗戶與門縫底下悄悄滲入，使空氣與床單飽含香氣，濃郁到幾乎可以品嚐。那是仙果吧，四周俯拾皆是。」

收集加州氣息的最佳方式是開車。沿著八十號州際公路往南開，經過皮諾爾市（Pinole）的煉油廠時，別忘了打開車窗喔；車子行經科林加市（Coalinga）哈利斯農莊牛肉公司（Harris Ranch）的養牛場時，鼻子裡必定是滿滿的牛騷味；接著取道一〇一號太平洋海岸公路經過吉洛伊市（Gilroy），隨便吸一口氣都是大蒜味。喔對了，還有洛杉磯著名的洛克希德航空公司科研重地，此地渾名「臭鼬工廠」（Skunk Works），名稱由來是附近一家塑膠工廠的可怕惡臭。

也許海倫凱勒說得對，加州的氣味說也說不完，而這些還只是氣味視野較大的一部分而已。若將鏡頭拉近到尋常住家，獲得的景致必定更為細緻，而且更能引發共鳴。總而言之，描繪氣味地圖是一項勞心勞力的工作；若要將環境中飄蕩的所有氣味捕捉和保存起來，這樣做是否真的必要？那是當然的啦。我家鄉戴維斯市的番茄工廠已經關門大吉，瓦卡維爾市（Vacaville）的大蒜集散場也已消失，史坦貝克的「製罐巷」氣味只出現在書頁中，而要在舊金山的漁人碼頭嗅聞新鮮漁獲味都很難了。人生苦短，舊日時光看似不遠，卻已然一天一天飄散逸去了。

第十二章

嗅覺大未來

現在我看到了，它們是我們所能想像最詭異的生物。它們有著龐大的圓形身軀（或者該說是頭），直徑超過一公尺，每個身體前方都有一張臉。臉上沒有鼻孔……的確，火星人似乎完全沒有嗅覺。

——**英國科幻小說家威爾斯**（H. G. Wells, 1866-1946），**《世界大戰》**（*The War of the Worlds*）

在電影《世界大戰》原著小說作者威爾斯的想像中，火星人比人類進步，它們不需要「鼻子」這種有著鼻孔與濕潤黏膜的原始感官系統。火星人的眼睛大大的，腦袋也很大，膽小如鼠，沒手沒腿，但有章魚般的觸腳。這些生物運用科技彌補自己欠缺的生物學特徵：它們穿著機械甲殼橫行地球。《世界大戰》是一八九八年的作品，當時的科幻小說作家與自稱被外星人綁架的人都堅稱，外太空訪客沒有鼻子。我記得一齣古老影集《第九空間》（*The Outer Limits*）有一幕，主角是一位電台工程師，他與來自四次元的生物取得聯繫。外星人好奇地問他，他眼睛下方那兩個奇怪的洞究竟有何功能。

未來主義者就像佛洛伊德學派一樣，很早就把嗅覺貶為演化的死胡同。他們推測人們的鼻子將會萎縮，嗅味能力也隨之退化。但人類的命運真會如此嗎？為了看透我們嗅覺的未來，必須來瞧瞧嗅味裝置與嗅覺基因。

電子鼻大展身手

不同於外太空來的外星人，「電子鼻」已經混入人群之中了：第一套商業裝置問世於一九九二年左右，提供香料與氣味產業用於品質控管。電子鼻使用一組化學感測器陣列來偵測氣味分子，並以模式分析軟體分辨氣味。老式的電子鼻是一個大箱子，靜靜躺在實驗室的一角，後期的手持式電子鼻則類似電力公司抄表員會攜帶的儀器。

電子鼻更勝酒測儀或一氧化碳警示器這類化學偵測器，原因在於電子鼻對極廣範圍的分子都有反應。（至於運用光學原理的煙霧警報器，鑑別力甚至更差，有時會將水蒸氣或微小塵埃誤認為煙霧。）電子鼻的化學感測器可用各種材質製成，通常選用導電性聚合物，當揮發性分子存在時，導電性聚合物的電阻會改變，有的聚合物還可對接近人類感知極限的氣味濃度發生反應。這些聚合物很敏感，卻不複雜，基本上就像是具有各種吸收特性的化學海綿。

電子鼻所採用的電腦軟體對於效能非常關鍵，重要性並不亞於感測器本身。軟體利用繁複的統計方法，從感測器所輸入的資料歸納出特定模式。多重感測器帶給電子鼻的好處遠甚於單一分子偵測器，尤其是它們不會落入交叉干擾的陷阱；試想一具放屁偵測器只對單一分子（硫化氫）有反應，那麼媽媽每次端出雞蛋沙拉之際，警報聲就會大作，那可真是糗大了。反觀寬頻電子鼻除了硫化氫之外，也一併偵查別的分子，比較不至於令家中的女主人出糗。

電子鼻有何本領？

電子鼻的實際表現有多麼優異呢？它們有無可能搶了人類的飯碗？早期機型在製造商的密集造勢中風光登場，然而這些裝置的效能不如預期，消費者便對這種技術留下負面印象，久久揮之不去。廣告誇大的狀況從未完全消失。二〇〇六年有一項非正式檢驗的結果顯示，某品牌的消費性電子鼻（一種手持式裝電池的機種，利用污染的細菌所釋放的胺類偵測腐肉）對於準確度與優點的宣傳都太過誇大。

一般說來，電子鼻的實際本領雖然所言不虛，卻也不怎麼樣；這些本領包括能分辨兩種氣味相同或相異。當製造商需要將各批產品的差異保持在一定限度之內，或要剔除受污染的原料時，這個簡單的能力便能有效控管品質。電子鼻精於判斷異同，而且與人類的感覺評判員不同的是，電子鼻不會疲勞，也不會感到無聊。（這不代表它不必維修；電子鼻會發生「感測器偏差」現象，因此必須頻繁校正。）電子鼻頗適合扛起沒人想做的危險苦勞，例如監測畜牧場與污水處理廠的臭氣，或是搜尋地雷。

電子鼻在醫藥領域也前途無量，有一種裝置能從病人呼氣所含的揮發性物質測出糖尿病，還有一種可以找出肺癌的跡象。（那些靠嗅味辨認癌症的狗兒，可能不知不覺就失業了。）電子鼻的診斷掃描既快速又無侵入性，至於技術方面的主要挑戰在於，如何撇開多變的體味背景雜訊，偵測出真正與疾病相關的氣味訊號。

電子鼻的潛在消費性應用或許已經有些苗頭，例如可監測周遭環境的氣味狀態，而裝在家中或辦公室的測味系統若包含了反饋機制（例如偵測到臭氣便施放香氣），就更有吸引力了。一具由電腦程式控制的嗅覺恆定儀，會把環境中的氣味維持在宜人的程度；穿戴式裝置則讓你隨身量測周遭的氣味狀態。

氣味與香料業者所夢寐以求的，就是一具能暫時取代「市調評測員」的電子鼻。這種裝置以電腦程式控制，可以精準設定成都會兒童的喜好或鄉下婆婆媽媽的喜好等，以郵遞區號做區別。接著把測試樣品擺到電子鼻前面，它就會回應「我喜歡」或「花香太重了」之類的答案。相較於人類評測員，「機器消費者」的好處可多了：它永遠不會遲到，也不需領報酬。

致力於發展「可嗅味機器人」的科學家多得超乎想像，還有人於一九九九年出版一本討論可嗅味機器人的專書。瑞典厄勒布魯大學（University of Örebro）研究員盧菲（Amy Loutfi）將電子鼻裝設於移動式智慧型機器人系統，她所創造的原型機類似「倫巴」（Roomba）機器人吸塵器，可在公寓內自主地四處走動，找出空氣中的氣味所在，並加以辨識。盧菲還在電子鼻機器人的決策程序中加入心理情境因子，以便改善效能。這套裝置察知自己身處客廳時，辨識氣味的功力會比在臥室中更佳。

那麼，警察機關會採用電子鼻來進行遠端偵嗅毒品的任務嗎？美國最高法院認為，運用熱影像技術偵查種植大麻嫌疑犯的家，屬於違憲的侵犯隱私行為，因為這種偵查方式仰賴的感覺強化技術並非「大眾常用」的技術。按此標準，在嫌犯家的下風處揮舞著電子鼻偵測氣味，應該也違反美國憲法增修條文第四條「保障人民免於不當搜索與逮捕」的規定。看來，除非電子鼻已經普及到3C賣場都能買到，否則警察還是得乖乖地用自己的鼻子辦案囉。

正如所有技術都會遭遇的情況，法律方面不可預期的後果，無疑將左右電子鼻商業市場的後續發展。例如，近來有一種名片型嗅味器，可從女性呼出的氣息測出她是否處於排卵期。這具型號為「Ovulatron 5000」的機種，絕對會成為求子若渴的夫婦的好幫手，但也可能成為尋覓良緣的單身男女必備的技術。

電子鼻能變聰明嗎？

你可別期望電子鼻只要從盒子裡拿出來即可輕鬆上手。電子鼻出任務前必須受訓，即便只是擔任簡單的異同判定工作也不例外。如果要用電子鼻來揀出爛蘋果，你必須用許多好蘋果與壞蘋果的樣本填滿其資料庫，它才能一一產生統計數據圖表，訂定出分辨好壞蘋果的決策規則。一具電子鼻若未經訓練，可能只會根據酒精含量將酒類樣本分門別類；它必須經過訓練，才有辦法區分黑比諾葡萄與金芬黛葡萄❶釀出的紅酒。電子鼻必須受過訓練，才能令人大大驚嘆。你不能被電子鼻牽著走，而是必須領著它往前走。

電子式感測裝置的訴求對象是一板一眼的製程工程師，因為電子裝置「很客觀」，這讓工程師不必和感覺專家交換意見，也不必應付情緒化的市調員，至少理論上如此。然而一旦把電子鼻推上生產線，又會與在品管線上有不同的解讀。這時候工程師要相信誰呢？要找出客觀的方式平息爭議，他們可得自求多福啦。

有件事人腦做得很好，就是從一堆雜訊中分離出訊號。舉例來說，我們即使身處於人聲鼎沸的雞尾酒派對，也能聽清楚同伴說的話；同樣的，調香師也能在背景氣味一日數變的辦公室裡工作。然而對電子鼻來說，在不斷變動的背景氣味中追蹤特定目標卻很困難，更別提要在這類背景環境下監測不斷變動的目標了，好比說追蹤農產品市場裡逐漸成熟的桃子。除非能解決受背景干擾的問題，否則電子鼻稱不上是人鼻的對手。

電子鼻能取代人鼻嗎？

隨著科技的進步，生物學與硬體設備之間的界線日益模糊。英國有一組團隊已開發出一套「真正的仿生嗅覺微系統」，創造了一種人工嗅覺黏膜。換言之，他們把電子感測器放入人造鼻涕內，那是一層十微米厚的固味聚合物，稱為聚對二甲苯（Parylene C）。這種聚合物會延後偵測所輸入的氣味分子，放慢人造鼻的反應時間，使它表現得更像真的鼻子。

此一領域最先進的技術是以生物性組織充當氣味感測器，例如研究人員可將哺乳動物的氣味受體基因植入酵母菌，酵母菌即於自身細胞表面生成受體。把一小塊酵母菌細胞膜（含有功能完整的受體）切下，固定於晶片，只要受體受到氣味刺激而活化，晶片就產生電子訊號。

另一種不同的方法則使細菌細胞產生受體，再將載有受體的細胞膜打碎，塗在微小的石英晶體上，晶體的振盪頻率會隨著塗層重量而改變，人稱「石英晶體微量天平」；這種配置十分靈敏，能分辨晶體上那層生物性黏液的受體是否與氣味分子結合。有家英國公司正運用此一技術偵測爆裂物，另一組人馬則進而將老鼠的嗅覺細胞全數整合為一片半導體晶片，他們稱之為嗅神經晶片，而實際上可說是「老鼠與機器的合體」。

法國有一票任職於大學的科學家將生物與機器的合體又往前推進一步，他們將人類的氣味受體植入酵母菌，酵母菌於是具有偵測洋茉莉醛（helional）這種氣味分子的功能，經此修飾的酵母菌便成了洋茉莉醛的生物感測器。這個技術成果頗為優雅，卻有幾分擾人：這種組合讓人類的DNA受異種生物控制，接著為機器所役使。這真的是我們所欲追求的方向嗎？

這些融合了矽晶片與生物學的發展如果繼續下去，電子鼻取代人鼻只是遲早的事，問題是我們願不願意被取代。我會讓電子鼻嗅遍全身，檢測我有無罹患肺癌嗎？當然會囉！而我會使用氣

❶黑比諾葡萄生性嬌貴，易受溫度與蟲害影響，不易照顧。金芬黛（Zinfandel）葡萄則相反，它是加州的代表性葡萄品種，非常適應當地各種氣候環境，可說是平民葡萄品種。

味機器警衛嗎？或許吧，尤其我有狐臭的話。但我真的要我的冰箱對我說「抱歉，老哥，我可不能讓你把那些冷凍肉片吃下肚」嗎？

尋找決定氣味的基因

常聽人抱怨超市賣的番茄不香，一點也不錯。與野生番茄相較，栽種番茄的甜度、酸度與香氣都略遜一籌，然而另一方面，它們的色澤更鮮豔、產量更高、更能抵抗病蟲害、更不易受損，果農喜歡把這些特性稱為「可出貨性」。（果農會在番茄還又青又硬時就將它們採下，以便撐過長途運輸與長期貯存。）番茄栽培的最高指導原則是：好吃不如好看。

解決之道或許不遠矣：科學家破解了植物之化學風味產物的遺傳學特徵，同時也為增進風味的生物工程學開啟了一扇大門。有個研究小組已發現一組製造酵素的基因，是產生苯乙醇的生化合成步驟的第一步，而苯乙醇正是番茄與玫瑰香氣的關鍵成分。基因轉植番茄若過度表現這些基因，玫瑰醇的產量會爆增十倍，便比一般品種的番茄更香。另一組科學團隊近來則改變基因，控制產生香氣的關鍵酵素，造就了更美味的番茄。他們從香料植物檸檬羅勒（lemon basil）取出酵素基因，植入番茄株，改變了番茄的生化活性，產生更多關鍵氣味分子。這門科學滿酷的，但最實際的問題還是好不好吃，結果贏家是新品種基因轉植番茄，它們在口味測試中較受青睞。

除了從其他植物取出基因，遺傳工程學家或許會想從所謂「祖傳番茄」（heirloom tomato）

取下有用的基因；祖傳番茄外觀獨特、風味絕佳，在世界各地的農產品市場都是搶手貨，有著如「奇異條紋」或「紫色切羅基」之類的名稱。當今超市的貨架幾乎都被品種改良番茄所占據，這些番茄都是抗病蟲害能力強、產量高、運輸容易的標準化品種，然而祖傳番茄在此之前即已存在。加州大學戴維斯分校的諾伯爾教授是酒類專家暨酒香轉盤的發明人，她就因為一群番茄農夫而打消退休的念頭。這些果農來自加州的中央谷地，希望拓展祖傳事業，他們冀望諾伯爾能把用在酒類的那套做法轉用到番茄，即藉著推動感覺分析法，幫助消費者了解並欣賞祖傳番茄多樣的芳香特質。

「番茄不好吃」已經夠傷腦筋，那麼「玫瑰不飄香」就更令人洩氣了。除了菊花、鬱金香、百合與康乃馨，花市中就屬玫瑰賣得最好，估計全球年產值約達四百億美元（相當於新台幣一兆四千萬元）之譜。它們的香氣全跑哪兒去了呢？玫瑰品種超過百種，但市售玫瑰大多只是其中八種相互雜交的產物；就像番茄一樣，這些配種玫瑰並不是因為芬芳撲鼻才獲青睞，而是以切花產業所重視的特質作為選拔標準，包括花色、花形、產量、保存期限與病蟲害的耐受度。

香料化學家分析花香時，小到連一個分子都不放過，然而找出植物何以能散發出頂級香氣並非他們的工作，學院派研究人員對此也興趣缺缺；一九九四年以前，人們連一個花香酵素都沒找出來。後來，生物學家皮徹斯基（Eran Pichersky）開始研究一種加州原生野花，人稱「釀酒人的山字草」（brewer's clarkia），這是一種在夜間綻放、靠蛾類授粉的罕見柳葉菜科植物，只生長在美國舊金山灣區。皮徹斯基的團隊分析其香氣的化學特徵，發現有一種成分是沉香醇，是由「沉香醇合成酶」這種酵素所產生的。他們成功找出生產這種酵素的基因之際，也開拓出一片全新的科學領域：花香生物化學。

此後，皮徹斯基與其他人找出了「香雲玫瑰」（fragrant cloud rose）負責製造香氣的酵素、以及為此酵素編碼的基因。他們希望把這些基因轉植到「金門玫瑰」（Golden Gate）這類無香氣的培育品種。

生物科技專家或許是拯救玫瑰芬芳的不二人選，因為他們有各式各樣的手段可做基因轉植。他們可以利用包覆有DNA的金或鎢顯微粒子，將新的基因一一打入植物細胞內，也可利用土壤桿菌這類微生物幫忙安裝基因。遺傳工程學家不僅能夠恢復植物原本的氣味，還能讓植物發出其他品種的氣味。想想看，要是玫瑰聞起來像紫羅蘭、翠菊聞起來像紫丁香，那真是太炫了！基因轉植花香的誕生將是生化科技的一大勝利，或許能讓大眾放心接受基因轉植作物。

對切花產業而言，這一切似乎是絕佳的機會，但皮徹斯基告訴我，花農對此意興闌珊。根據市場調查，消費者都說花香很重要，實際的銷售數字卻未反映出來；消費者的選擇還是基於花色與視覺訴求。無論如何，花卉多半是買來送人的，這表示買花的人不會和自己買的花相伴，花朵香不香其實無所謂。這也許不假，正如莎士比亞所言：「把香水傾注於紫羅蘭……是浪費又可笑的多餘之舉。」

多采多姿的感知基因

你能想像一種 DNA 測試只消一小滴唾液，十分鐘內即可測出你喜歡何種香味嗎？這類以唾液為檢體的快速臨床診斷工具已廣為大眾使用，例如家用驗孕棒，那麼香水類產品的展售店何不也來個當場診斷呢？貢獻一點點口水就能找出最適合你的香味，何樂而不為？

氣味感知因人而異，而且個別差異甚鉅。差異究竟有多大呢？與辨色力比一比，我們心裡就有數了。色盲有三種，嗅盲卻有數十種；每一種色盲只占人口的百分之六，每一種嗅盲卻都影響百分之七十五的人口。嗅覺科學家為了解釋這種差異而絞盡腦汁，這仍是關於嗅覺的最大謎團。為何有些人可以聞到特定的分子，其他人卻聞不出來？為何有的人聞到某種氣味感到愉悅，其他人卻不覺得呢？

文化因素確實扮演著舉足輕重的角色，學院派研究人員也愛從文化角度來解釋，但即使是相同文化中人，彼此的差異仍大，這點從文化角度就說不通了。而這種差異從生物因素切入或許解釋得通，只是生物因素所受到的關注極少，這倒是令人意外。例如，某些特定嗅覺缺失症（患者無法察覺特定形式的分子，可是對其他氣味的嗅覺無異於常人）即為生理問題，亦即缺少前述特定氣味的受體。已知的特定嗅覺缺失症有十數種，卻僅造成所有氣味感知差異的一部分而已。

這個謎團的關鍵或許更廣泛存在於人類基因組。有一種可能性頗為聳動，即嗅覺受體基因決定了你怎麼聞這個世界，以及你聞到的世界為何異於他人。每個人都有約三百五十個嗅覺受體，但別人的三百五十個受體不見得與你一樣。此外，特定受體基因的DNA序列在不同人身上也會顯現出微妙的差異。

遺傳科學把基因型（一個人的DNA圖譜）與表現型（一個人的身心特徵）連結起來，全世界有不少實驗室正在探索氣味感知的遺傳學，他們的頭號挑戰是要找出人的各種氣味感知表現型，換句話說就是測定人對各種氣味的感度與喜好。下一步則是運用DNA分析建立一個人的基因型。研究人員預期，具有類似表現型的人會有某些共通的遺傳特質，比方說喜歡麝香、討厭葡萄而對廣藿香沒感覺的人，可能會有某些共通的氣味受體變異，而這些生物標記即可成為展售店做「香水喜好診斷」的基礎。

人們已經朝嗅覺的功能遺傳模式踏出第一步。美國洛克斐勒與杜克大學的研究人員發現，有一種氣味受體基因的變異，左右著每個人如何察知男性酯酮與雄甾二烯酮（androstadienone）分子；這種基因變異稱為「單核苷酸多型性」（single nucleotide polymorphism），讓人們聞到前述兩種氣味分子時感受到不同的強度與難受度。這麼微小的變異，竟對氣味感知有如此重大的影響，真是叫人吃驚。其實這還只是冰山一角，可以預期往後幾年一定會看到更多例子。

知道了基因與氣味感知之間的關聯，必將徹底改變我們對嗅覺的思維。帕夫洛夫式的條件學習與普魯斯特式的記憶，勢必分享同一個生物學舞台。氣味偏好相關生物標記的發現，為香水的設計概念與行銷手法吹起革命的號角。於是，調香師放棄以整體市場為訴求（不特別滿足任何人）的產品，開始瞄準由生物學所界定的市場版圖而創造香氣。為喜歡麝香、討厭葡萄而對廣藿香沒感覺的顧客設計商品的調香師，與用老方法亂槍打鳥的競爭對手相比，前者具有絕對優勢。

顛覆傳統的嗅味概念

嗅覺感知一旦跨入基因組時代，必將令人熱血沸騰。我們能從基礎生物學層面改變氣味感知，例如增強受體的反應，或完全阻斷其作用。這些分子層級的干預，顯然將催生出新型消費產品。想想看，也許有一種長效鼻腔噴劑，可供醫院或療養院的醫護人員使用，只要在值班前噴一下，便聞不到尿液的阿摩尼亞味，但仍可正常感受其他氣味。這種產品阻止特定類別的分子引發知覺。此類小範圍氣味阻斷劑會使醫院成為更舒適的工作環境，職員有了好心情，病人也跟著開心起來。其他行業中人，如畜牧工人、水管工人、煉糖廠雇員等，也都可能從這類可選擇分子之鼻腔過濾噴劑而受惠。

接著來看看新型減重產品吧，這玩意可對食慾產生即時而顯著的效果：它把食物變得毫無吸引力，讓你不會聞到香氣就飢腸轆轆。用生物學的說法，這就是大範圍氣味阻斷劑，可干擾多種受體的作用。這種阻斷劑全面抑制包括食物香氣在內的氣味感知，幫助正在節食的人克服外界誘惑。最近有一件與此發明相關的專利申請案，請求標的為一種鈣離子阻斷劑，這種藥物常用來控制高血壓，而直接塗抹在鼻中會使感覺細胞暫時失效，令嗅味能力降低或完全喪失。

而若用其他方式改變受體的功能，我們或許能夠強化氣味感知。如果有種產品能夠選擇性促進對特定體味的感知，如伴侶的費洛蒙，你想不想試試看呢？它會使人性致高昂、狂野激情，也會是治療性冷感的特效藥。（花花公子、愛泡夜店與開轟趴的人們自然樂見其成，這可是鼻腔的迷幻藥呢。）大範圍氣味感受促進劑也有機會問世，而且會產生迷幻的效果。神經學家與散文作家薩克斯（Oliver Sacks）曾敘述一個病人吸食安非他命、古柯鹼與天使塵（PCP）等毒品後，出現了氣味感度增強的現象，只要有一丁點氣味，那人當下便能極為清晰地聞到；在當時，那人只靠鼻子，就能在偌大的紐約市趴趴走而不會迷路。

還記得貪戀花香的女詩人狄瑾蓀嗎？想必她會不計代價，只求把大範圍氣味感受促進劑這種產品弄到手，然而不是人人都想要這種極限體驗。使用劑量較低時，大範圍氣味感受促進劑也許會減輕年長者的嗅覺減損症狀，他們用餐時吃得較香、吃得較多，營養的攝取也比較均衡；天曉得，搞不好連上了年紀喪失知覺而悄悄上身的鬱悶情緒，都會因此一掃而空呢。

對已知的氣味受體施以暫時性的微調，生物學家認為十分輕而易舉。鼻子裡的感覺細胞直接與外界接觸，只隔著薄薄一層黏膜，因此用局部鼻腔噴劑稍稍噴一下，即可輕易觸及感覺細胞，這表示要影響嗅覺，只需一點點活性成分即可，發生副作用的機率也較低。真正神奇的可能性還不止於此：弄個全新的氣味受體基因來玩玩如何？若想如此，你只需拿一瓶經過基因修飾的腺病毒（一般感冒即由這種病毒引起）朝自己噴，然後用力吸進鼻中即可。不出幾天，你就會有嶄新的嗅覺體驗；你對男性酯酮特有的嗅覺缺失症或許將不藥而癒，讓你生平頭一遭體會昂貴松露的頂級享受；對於麝香味香水，你或許也有更深刻的全新評價。

假設吸入的病毒粒子帶有狗的氣味受體，而這些受體是人類所沒有的，那麼你就可以聞到百萬年來人類從來不曾體驗的氣味啦。這種經驗有如突然戴上了超清晰隱形眼鏡，一時之間可能令人不知所措，你的腦子針對新的氣味輸入需要時間調適，以便清晰地感受新的氣味。

這種事聽來光怪陸離，卻並非完全無法想像。在實驗室中，基因轉植技術有如吃飯喝水般稀鬆平常。利用經過基因修飾的腺病毒，可將DNA從一生物體攜入另一生物體。病毒本身無法自我複製，但它能設法潛入宿主細胞的DNA裡，哄騙宿主細胞複製新植入的基因。

基因轉植技術用於人體，通常是基於治療致命疾病的考量而為。但我看了科幻小說作家吉布森（William Gibson）的小說《神經異魔》（*Neuromancer*），書中的角色偏愛跨物種的人體改造，因此我預言，基因轉植技術會先應用在「美化人體」這種非關醫學又毫無必要的領域。同理，把動物的氣味受體移植到人體這檔事，最初也不會是為了治療病症，而是為了找樂子。

知覺系統的跨物種基因轉植工程已在實驗室上演，科學家將新的感光受體基因植入老鼠體內，也將六種蠶蛾的費洛蒙受體成功轉植入果蠅體內。有朝一日，我們將有能力掌控自己的嗅覺命運。你想讓自己聞起來像啥？

❖

地平線的盡頭，天上飛的海鳥，鹽沼與海濱軟泥的氣味，
在在成了那孩子的一部分，他於過去、現在、未來的每一天都不斷前進。

——惠特曼，《草葉集》

33 大眾科學館
Popular Science

異香

嗅覺的異想世界

作者／艾佛瑞・吉伯特（Avery Gilbert）
譯者／張雨青
責任編輯／王心瑩（譯第 11 章）、陳懿文
封面設計／王小美
科學叢書總編輯／吳程遠
發行人／王榮文
出版發行／遠流出版事業股份有限公司
臺北市 100 南昌路二段 81 號 6 樓
郵撥／ 0189456-1　電話／ 2392-6899
傳真／ 2392-6658
法律顧問／王秀哲律師・董安丹律師
著作權顧問／蕭雄淋律師
2009 年 4 月 1 日　初版一刷
行政院新聞局局版臺業字第 1295 號
新台幣售價／ 320 元（缺頁或破損的書，請寄回更換）

ISBN 978-957-32-6454-5

YLib 遠流博識網
http://www.ylib.com　E-mail: ylib@ylib.com

國家圖書館出版品預行編目資料

異香：嗅覺的異想世界／艾佛瑞・吉伯特
（Avery Gilbert）著；張雨青譯 . -- 初版 .
-- 臺北市：遠流, 2009.04
面；　公分 . --（大眾科學館；PS033）
譯自：What the Nose Knows : the Science of
Scent in Everyday Life
ISBN 978-957-32-6454-5（平裝）
1. 嗅覺　2. 通俗作品
398.45　　98003840